イタリアチーズの故郷を訪ねて

歴史あるチーズを守る DOP

本間るみ子
Rumiko Honma

旭屋出版

まえがきにかえて

イタリアのチーズ

日本で広がるイタリアチーズ嗜好

　イタリア料理は、いまや日本ではとても親しみを感じる存在になりました。山の幸、海の幸、その鮮度を生かす調理法など、いくつも日本との共通項があるからでしょう。そして、その流れに自然に乗ってきたのがイタリアチーズの浸透です。

　データを見ても、1990年の輸入量が約730ｔにすぎなかったものが、2000年にはチーズ王国フランスを抜いて 3,000ｔに手が届くほどになりました。そして2000年には6,500ｔ、2013年にはなんと8,000ｔと右肩上がり。加えて日本でも少しずつ、イタリアチーズに倣ったチーズが作られるようになっています。

　日本でイタリアチーズがスムーズに広まったのは、その食べ方に負うところが大きいでしょう。料理やお菓子に混ぜ込んで、何かと一緒に焼いて溶かして、粉におろして調味料として、と単体でなく、まず料理の一素材として旨みを知らしめたのが大きかったと思います。

　しかし、それだけに、イタリアチーズを単体の名称でたどると、意外に知られていないかもしれません。でも、実は本国ではその数400種とも言われています。

イタリアの地形とチーズの歴史

　イタリアは、日本と同じように南北に細長く、多くは海に囲まれ、内部にはアペニン山脈やアルプスに届く山岳地帯も擁している多彩な地形です。概して言えば、地中海性気候で冬に雨が多く、夏に雨がほとんど降らないという国ですが、南北の違いは明確にあり、これがまた、作物や食文化に大きく影響しています。

　加えて、1861年の統一まで、各地方が独立国家を自負して文化を育ててきた国らしく、チーズや料理といった人の手が加わる食べ物には独自の個性があり、多くはそれぞれの家庭で作り継がれてきました。

　歴史的にはローマ帝国時代はギリシャから伝わった羊文化を基にしたチーズ作りが広く定着していましたが、その後、北からやってきた大量のミルクを出す牛文化も広がり、現在のイタリアのチーズバラエティを形成したといえるでしょう。山羊については、近年やっとその価値が認められ始めたばかり。したがって歴史的には存在するものの、表舞台に出ているものは、まだ、わずかです。

食文化の原点を知る

　前著「DOPのチーズたち」（フェルミエ刊、2001年）で取材したDOPチーズは、EU統合の市場でも負けないために認証をとったものが多い印象でしたが、その後の動きには「このままでは失われかねない」という小規模生産のチーズの救済的な空気を感じます。牧畜の歴史の長いイタリアでも酪農家や生産者が減り、各家庭でも伝統料理が姿を消していく現代にあって、その国の人々が何百年、何千年と食べてきた食べ物は、今後どう守っていけばよいのでしょうか。

　本書は、人間の暮らしに息づく伝統豊かな、そして地方色豊かな食べ物の原点を紹介したものです。イタリアの人たちが大事にし、それを知った日本人がその輪に加わる。真のグローバル化を考えるヒントになれば幸いです。

●目次

イタリアのチーズ	2		
DOPって、なあに？	6		
北部イタリアのチーズ	8		
中部イタリアのチーズ	10		
南部イタリアのチーズ	12		
Asiago	14		アズィアーゴ
Bitto	20		ビット
Bra	26		ブラ
Caciocavallo Silano	32		カチョカヴァッロ・シラーノ
Canestrato Pugliese	38		カネストラート・プリエーゼ
Casatella Trevigiana	42		カザテッラ・トレヴィジャーナ
Casciotta d'Urbino	46		カショッタ・ドゥルビーノ
Castelmagno	50		カステルマーニョ
Fiore Sardo	56		フィオーレ・サルド
Fontina	60		フォンティーナ
Formaggella del Luinese	66		フォルマジェッラ・デル・ルイネーゼ
Formaggio di Fossa di Sogliano	70		フォルマッジョ・ディ・フォッサ・ディ・ソリアーノ
Formai de Mut	76		フォルマイ・デ・ムット
Gorgonzola	80		ゴルゴンゾーラ
Grana Padano	86		グラナ・パダーノ
Montasio	90		モンターズィオ
Monte Veronese	96		モンテ・ヴェロネーゼ
Mozzarella di Bufala Campana	102		モッツァレッラ・ディ・ブーファラ・カンパーナ
Murazzano	110		ムラッツァーノ
Nostrano Valtrompia	114		ノストラーノ・ヴァルトロンピア
Parmigiano Reggiano	118		パルミジャーノ・レッジャーノ
Pecorino di Filiano	124		ペコリーノ・ディ・フィリアーノ
Pecorino di Picinisco	128		ペコリーノ・ディ・ピチニスコ
Pecorino Romano	130		ペコリーノ・ロマーノ

Pecorino Sardo	134	ペコリーノ・サルド
Pecorino Siciliano	138	ペコリーノ・シチリアーノ
Pecorino Toscano	142	ペコリーノ・トスカーノ
Piacentinu Ennese	148	ピアチェンティヌ・エンネーゼ
Piave	152	ピアーヴェ
Provolone del Monaco	156	プロヴォローネ・デル・モーナコ
Provolone Valpadana	160	プロヴォローネ・ヴァルパダーナ
Puzzone di Moena	164	プッツォーネ・ディ・モエーナ
Quartirolo Lombardo	166	クワルティローロ・ロンバルド
Ragusano	170	ラグザーノ
Raschera	176	ラスケーラ
Ricotta di Bufala Campana	182	リコッタ・ディ・ブーファラ・カンパーナ
Ricotta Romana	184	リコッタ・ロマーナ
Robiola di Roccaverano	188	ロビオラ・ディ・ロッカヴェラーノ
Salva Cremasco	194	サルヴァ・クレマスコ
Squacquerone di Romagna	196	スクワックエローネ・ディ・ロマーニャ
Spressa delle Giudicarie	200	スプレッサ・デッレ・ジュディカーリエ
Stelvio / Stilfser	204	ステルヴィオ(伊)／スティルフセル(独)
Strachitunt	206	ストラッキトゥン
Taleggio	210	タレッジョ
Toma Piemontese	216	トーマ・ピエモンテーゼ
Valle d'Aosta Fromadzo	220	ヴァッレ・ダオスタ・フロマッツォ
Valtellina Casera	224	ヴァルテッリーナ・カゼーラ
Vastedda della Valle del Belice	228	ヴァステッダ・デッラ・ヴァッレ・デル・ベーリチェ

スローフード運動とアルカデルグスト(味の箱舟)	232
資料：チーズで使われるイタリア語解説	235
資料：イタリアDOPチーズの生産量	236
資料：イタリア地図	237
資料：イタリアの州名・県名一覧	238

DOPって、なあに？

DOPは原産地と品質を保証する制度

　DOPとは、Denominazione di Origine Protetta の略で、日本語では「原産地名称保護制度」と訳されます。つまり、その食品が、ある特定の地で生産された原材料を用いて、特定の産地内で、何世紀もの間、受け継がれてきた伝統的な製法で作られたものであることが確認されたものについて、その独自性と品質を保証するという制度です。

　この制度は、もともと欧州各国が独自に持っていた自国産農産物の認証制度(イタリアの場合はDOC：Denominazione di Origine Controllata)をEU統合に向けて発展させたもので、1992年に欧州連合の委員会で基準を整理しました。そして農産物および加工食品の地理的呼称の保護と伝統的特産物の保護と品質の保証を目的としたシステムとして改めて制定。これによって認証されたものにはDOPの共通マーク(英語表記PDO、フランス語表記AOPなど)をつけて流通することが義務付けられており、その結果、それらの食品は市場から高く評価されます。

DOPブランドの信頼性

　DOPの認証を取得・保持するためには、生産者サイドの自発的な働きかけと、継続のシステムづくりが必要です。原産地としての歴史的証明に加え、認証後の製品の品質管理、イメージ管理、表示管理についてはイタリアの場合、それぞれチーズごとの保護協会がその責任を負っています。

各保護協会は、製造については原材料、製造工程や熟成過程を明確に規定し、明文化しています。また、表示に関してはチーズごとにロゴマークを作り、チーズ本体や包材の一部に表示されることになっています。したがって、保護協会には生産者だけでなく、熟成者、販売者までが加盟しています。

これからのDOPの役割

2001年の時点で30だったDOPチーズは、その後14年の間に48（正式には46チーズ、2リコッタ）まで増えました。そこには、これまでのような原産地と品質を市場に対して保証するというブランド的な意味合いに加えて、地元特産物に対する誇りや人々の郷土意識の高揚、地元産業の活性化、また、環境保護や伝統喪失の回避の役割まで求められています。この緊急の増加ぶりは、人間が自分たちの食べ物に対するありようを問う危機感かもしれません。

チーズによっては、この制度に加わることでかえって管理が面倒になり、経済効率が悪いと考える例もあります。しかし、国際社会のような大きな市場では、独自の地位の確立につながっていることもまた、事実です。

「DOP認証の48チーズ」を紹介する本書について

本書では、2014年までにDOPの認証を取得した合計48の全チーズについて、各保護協会への問い合わせや資料収集により、2014年現在で知りうる情報を可能な限り和訳し、それぞれを2ページ構成で掲載しています。

しかし、小さな生産規模のチーズの場合、生産者自身が協会の任務も背負っていることが多く、ホームページなど広報活動まで手が回っていない場合もあり、すべてが万全な情報公開とはなっていません。

また、イタリア市場も日々、時代の波にさらされ、表記ひとつでも古い言葉、地方性豊かな呼び方などをやめて、現代に広く伝わるようにと変更していく流れが見られます。製造に関しても現代科学ですべてが解き明かせていないことがここにきて新たに反省され、一時は衛生的理由から使用禁止になった自然素材の道具が、実は重要不可欠な役割を担っていたとして、再び使用可能になっていくものもあります。

訪問記では、年月をかけて原産地を巡るうちに事情が変わっているものもありえますので、その時点での一例として理解していただければ幸いです。

北部イタリアのチーズ

　イタリアに北からチーズ文化を伝えたのはエトルニア人だといわれています。始まりは紀元前10世紀、ポー川流域のロンバルディア地方を中心に発達しました。
　広大な土地に牧草資源と大量の乳を出す乳牛、さらに利便性のよいシステムを財産として、企業的チーズ生産が早くから発達し、世界に輸出できる競争力も磨いてきました。
　一方、北の国境一帯は山岳地帯で、昔ながらの夏季放牧を守るだけでなく接している国々からの文化的影響も受けながら、牛乳を中心としたチーズ文化をつないでいます。

中部イタリアのチーズ

　中部イタリアのチーズはトスカーナ、ウンブリア、マルケの各州の穏やかな丘陵地が中心です。ルネッサンスに象徴される文化も、糸杉の並木が映える緑も豊かな一帯ですが、1960年代に入って農業の担い手が減り、一度は危機的状況を迎えました。

　換金性の高いワインやオリーヴは大規模資本が投下されたものの、酪農家は激減し、山羊や羊は姿を減らし、乳牛も飼われるようになりました。チーズ文化はそれでも羊乳製が基本で、現在は中規模の協同組合での運営が中心です。

　ただし、その労働の支えの中心はサルデーニャから来た人々であり、動物たちの種類も地元の伝統種から効率のよい、あるいはサルデーニャにルーツを持つ種が導入されています。

南部イタリアのチーズ

　南部は、サルデーニャ、シチリアの2つの島を含め、歴史的に周辺国の影響を大きく受けながら、またその土地の素材を生かしたチーズ文化を発展させてきました。

　そもそも南部一帯は乾いた気候から大量の牧草は望めず、したがって雑草などを食べて生き抜く羊や山羊を飼うほうが合理的です。牛や水牛が導入されているエリアもありますが、ごく一部です。

　さらに、北部のように冬場をしのぐための大型チーズも必要なく、また、油をとるための素材にはオリーヴがあったため、乳文化への依存度は北ほどではないのも特徴の一つでしょう。

山地で作り継がれた伝統の熟成タイプと、プレスして早期熟成のフレッシュタイプ

Asiago
アズィアーゴ

産地・指定地区

● 県の全域
● 県の一部

ヴェネト州ヴィチェンツア県全域、パドヴァ、トレヴィーゾ各県の一部、トレンティーノ＝アルト・アディジェ州トレント県の一部

外観
皮は薄くて弾力性に富む。熟成タイプは皮が厚くなり、茶褐色が濃くなっていく。

生地
白、または淡い麦わら色。不規則な大きさのチーズアイが多数ある。

風味
デリケートで魅力的な味わい。熟成が進むにつれて香ばしい風味が生まれる。

※標高 600～2300m の山岳地の乳で作られたものは、山の自然な熟成庫で熟成させ、「アズィアーゴ・プロドット・デッラ・モンターニャ」と焼印を押して販売される。

※プレッサート＝フレスコ
　ダッレーヴォ＝スタジョナート

種　別	半加熱、圧搾
原料乳	牛の全乳の生乳あるいは 72℃で 15 秒殺菌した殺菌乳（プレッサート）、牛乳の全乳あるいは 57～68℃で 15 秒殺菌した殺菌乳の脱脂乳（ダッレーヴォ）。
熟　成	アズィアーゴ・プレッサート最低 20 日間、アズィアーゴ・ダッレーヴォ（熟成タイプ）のメッツァーノは 4～6 か月、ヴェッキオは 10 か月以上、ストラヴェッキオは 15 か月以上
形・重量	〈プレッサート（20 日熟成）〉円柱形。側面も上下面も膨らみはなく、平らか平らに近い。直径 30～40 cm、高さ 11～15 cm、重さ 11～15 kg 〈ダッレーヴォ（60 日熟成の場合）〉円柱形。側面は平らか凸状で、上下面は平らか平らに近い。直径 30～36 cm、高さ 9～12 cm、重さ 8～12 kg
乳脂肪	プレッサート　30％（±4％）ダッレーヴォ　31％（±4.5％）

DOC 取得 1978 年 12 月 21 日
DOP 取得 1996 年 6 月 12 日

● 製法
アズィアーゴ・プレッサート
　搾乳 1 回または 2 回分の牛の全乳を 35 〜 40℃に温め、子牛の凝乳酵素、塩、前日の発酵した乳か乳酸菌を加える。固まったらクルミまたはヘーゼルナッツの大きさにカットする。カードは 44℃（±2℃）で加熱し、その後、型に入れる。

　続いて手動か空圧で最高 12 時間プレスする。加塩する前に、Frescura と呼ばれる気温 10 〜 15℃、湿度が 80 〜 85%のところで最低 48 時間寝かす。

　生地の加塩が足りない場合には、表面に塩をなすりつける、または塩水に漬ける。熟成は気温 10 〜 15℃、湿度 80 〜 85%を理想とし、期間は最低 20 日間。

アズィアーゴ・ダッレーヴォ
　牛の 1 回または前夜と当日朝の 2 回搾乳した乳を使用。1 回の場合は放置して一部脱脂。前夜と当日朝の 2 回の場合はどちらも脱脂、または片方のみ脱脂。

　35℃（±2℃）に乳を温め、子牛の凝乳酵素、前日の発酵した乳か乳酸菌、場合によっては塩を加える。凝乳酵素を加えて 15 〜 25 分で固めたカードをヘーゼルナッツかそれより小さめにカットする。その後カードを 47℃（±2℃）で加熱。型に入れる。

　加塩する前に、Frescura と呼ばれる気温 10 〜 15℃、湿度 80 〜 85%のところで最低 48 時間寝かす。

　生地の加塩が足りない場合には、表面に塩をなすりつけるか、塩水に漬ける。気温 10 〜 15℃、湿度 80 〜 85%の環境で、最低 60 日間熟成させる。加塩後の最初の 15 日間は、5 〜 8℃のところに寝かすことも認められている。

● 歴史
　7 つの村があるアズィアーゴ高原ではもともと羊の乳で味わいのあるチーズが作られていた。ヴェネツィア共和国に支配されていたころ（特に 15 世紀後半）アズィアーゴの名前は重要な羊毛とチーズの見本市の本部として知られていた。

　しかし、16 世紀には羊ではなく牛の乳で作られるようになった。

　牛の乳で作られるようになってからも今日まで、その技術は山地で引き継がれている。

　古くから存在する伝統的な「アズィアーゴ」とはダッレーヴォのことであり、熟成期間の短いプレッサートは 1920 年代に生まれた"新しい"タイプである。しかし、こちらのほうが、甘みがありまろやかで現代人の味覚に合っているようだ。

● 食べ方
　熟成の若いものはテーブルチーズとして、またはサイコロ形にカットしてサラダに加えたり、オムレツの上や田舎風のピザに。白またはロゼのワインに合う。

　熟成したものは食後にフレッシュなフルーツと合わせて。

　熟成が進んだものはおろすのがおすすめ。

Asiago

時代とともに変遷して2タイプが現存「熟成味」と「まろやか味」の味比べ

　チーズも他の文化同様、時代とともに姿や名前を変えてなお、生き残っていく。そんなことを感じさせてくれるものの1つがアズィアーゴです。

　アズィアーゴのふるさとは、水の都ヴェネツィアを擁するヴェネト州の北部。雄大な自然が残る標高1000mの高原地帯です。かつては「ヴィツェンツァのペコリーノ」と呼ばれていたように羊乳で作られていましたが、牛がやってきてからは牛乳製に変わってしまいました。

　また製法も、つい近年まではアズィアーゴといえば数か月じっくり熟成させるものでしたが、20世紀になって「脱脂することなく全乳を使い」「プレスして」「短期間で熟成を完了させる」という新タイプのアズィアーゴが登場し、以来、こちらの方がだんだんと支持を得るようになりました。この新アズィアーゴを「加圧されたアズィアーゴ」という意味の「アズィアーゴ・プレッサート」と呼ぶのに対して、従来のアズィアーゴは「アズィアーゴ・ダッレーヴォ」（熟成タイプのアズィアーゴ）。こうして、アズィアーゴには2つのタイプが出来たのです。

　日本にこのチーズが紹介された1990年代には、イタリアではすでに伝統的な熟成型アズィアーゴより、新タイプのプレッサートのほうが主流でした。そのため、文献上の「アズィアーゴ」には熟成数か月と書かれていても、日本に届くものは熟成1か月程度のもの、という、狐につままれたような日々も、今では懐かしい思い出です。

　もうひとつ、近年では名称も変更しようとする動きがあります。「プレッサート」を「フレスコ（新鮮な）」に、「ダッレーヴォ」を「スタジォナート（熟成の）」にしようというのです。その土地ならでは呼び方が消えてしまうのはさびしい気もしますが、グローバルに物が流通する今日では、消費者にとって分かりやすくなるのは歓迎すべきことでしょう。

アズィアーゴ

21世紀の人気者は、まろやかプレッサート

　2013年の秋、「サン・ロッコ San Rocco」という酪農協同組合を訪ねました。1966年のスタート当時は300人いた組合員（酪農家）も今日では25人にまで減りましたが、その代わり1軒当たりの飼育頭数は50～200頭と増えてきたそうです。17歳からここで働いてきたという熟練者の製造長ジーノさんは、今も熟成タイプのアズィアーゴ・ダッレーヴォの製造を担当しますが、実際に作るのは週1回だけ。新タイプのプレッサートのほうがマイルドな味わいで価格も安く、料理に使いやすいため圧倒的に需要が多いのだそうです。

　プレッサートの製造を見学しました。

　殺菌された乳は銅鍋に移され、乳酸菌と塩、レンネットも入れて凝固させます。

機械で砕いたカードに、バサッ、バサッと塩をかけていきます

塩を手で混ぜて、さらにホエーを抜きます

カードを布に包んで型に詰めます。このあと機械の力を使ってプレス

型から出して布を取り、アズィアーゴのロゴや名称が刻印されている枠を側面に巻いて、再び型にいれます

Asiago

プレッサートは新製法なので、20日ほど熟成させたら完成です

熟成タイプの中でも最高級のストラヴェッキオ。じゃりじゃりというアミノ酸の結晶がはっきり見えます

　その後、カードはステンレスのバットに崩しながら移され、ホエーをあらかた抜きます。重要なのは短時間でホエーを抜くこと。そのため大きなバケツから塩をわしづかみにしてはバサッ、バサッとカードに振りかけ、さくさくと手で混ぜ、と作業はスピーディに進みます。振りかける塩の多さには驚きましたが、大量の塩はホエーと一緒に排出されるため、チーズには残らないと説明を受けました。

　その後、型に詰めて4時間プレスし、塩水に24時間漬けることで表皮ができ、その後カーヴに移すと、穏やかに発酵が進みます。ここで特徴を発揮し始めるのが乳酸菌の選択や乳の段階での加塩方法。けれどこれらは長年の研究の成果なので企業秘密だそうです。

　さあ、いよいよ試食タイム。見学したプレッサートはバターのような上品な香りで、塩気は少なめ。ほのかな酸味とミルクの甘みが口の中に広がります。そのままでも十分美味しいのですが、地元の人によると少し厚めにカットしてパン粉をつけて焼くのもおすすめだとか。

　一方、ダッレーヴォのほうは、熟成ものの中でも18か月以上熟成させた最高級のストラヴェッキオを試食させていただき、アミノ酸の結晶がじゃりじゃりと心地よいこと。濃厚なうまみに赤ワインが欲しくなりました。

　まろやかな味で気軽に料理に使えるプレッサートと、そのまま深みを楽しめるダッレーヴォ。どちらの良さも時代とともに残っていくことを願ってやみません。

マルガ(夏季放牧)のアズィアーゴもあきらめない

　山のチーズの多くが平地でつくられるようになった今でも、山のチーズを残したいという動きはアズィアーゴに限らずあります。

　アズィアーゴの場合、DOPの規定書をみると、プレッサートとダッレーヴォの他に、プロドット・デッラ・モンターニャという山製造のものは特別に保護されているのです。イタリアはその土地ごとの呼び方がそれぞれにあり、プレッサート、ダッレーヴォもそうですが、この土地は夏季放牧を意味するアルペッジョのことを「マルガMARGA」と呼んでいます。

　ヴェネト州は南北に長く、その北端はオーストリアと接するドロミテ山脈。アズィアーゴのみならず、モンターズィオ(P.90)やモンテ・ヴェロネーゼ(P.96)にも同じルーツがあり、アルペッジョをマルガと呼んでいます。なのでトレンティーノ＝アルト・アディジェ州には、マルガと名前がつくチーズがやたら多いのです。

雪が溶けるとマルガでのチーズ作りが始まります

　ドロミテといえば、有名な観光地。夏に訪れる観光客を泊めるアグリツーリズモをしながらチーズを作る人たちが今も多くいます。

　初めての旅は、まだ雪の残る4月初旬でした。かれこれ20年も前のことです。

　案内役のピッオさんは、アズィアーゴは7つの村で作るものこそ本物で、かつてはそれぞれの村の名前がついていたんだと、説明してくれました。そのとき案内してもらった食料品店で購入した熟成2年物のアズィアーゴの美味しさは今も記憶に鮮明に残っているほどです。

　マルガで作られたチーズはほとんどがその土地で消費されます。そう考えると山のアズィアーゴを探す旅に、また出たくなってしまうのです。

今なお夏季のみ、高地で製造。山羊乳が入るといっそう風味が豊か

Bitto
ビット

産地・指定地区

● 県の全域
● 県の一部

ロンバルディア州ソンドリオ県全域、ベルガモ、レッコ各県の一部

外観
麦わら色をした硬めの外皮で、厚みは 2 ～ 4 mm。熟成するに従って、色は濃くなる。

生地
若いうちは白いが、熟成するに従って麦わら色になる。密な生地。小鳥の目ほどの大きさのチーズアイがまばらにある。

風味
甘くて、繊細。熟成すると味わいは濃くなる。山羊の乳の混ざったものは、アロマがよりしっかりしている。

種　　別	非加熱、圧搾
原料乳	牛の生乳の全乳。山羊の生乳を最高10%まで加えても良い。 牛種 / ブルーナ・アルピーナ牛
熟　　成	最低 70 日
形・重量	円柱形。ややくぼみのある側面と平らな上面の角はしっかりある。 直径 30 ～ 50 ㎝ 高さ 8 ～ 12 ㎝ 重さ 8 ～ 25 kg
乳脂肪	45%

※地域によって多少、伝統手法に違いはあるが、製造はだいたい 6 月から 9 月まで。とくに規定はないが、その年の気候により夏季放牧の開始時期、終了時期は異なる。

DOC 取得 1995 年 4 月 19 日
DOP 取得 1996 年 7 月 1 日

●製法

　牛の飼料は限定地域に生える牧草またはその干し草でなくてはならない。

　作業は、搾乳後1時間以内に開始する。従って、製造は1日2回行われる。土着の乳酸菌の添加が認められている。

　原料乳を34〜37℃に温め、子牛から採取した凝乳酵素を加えて30分間ほどで凝固させる。このカードをカットした後、温度を上げながら撹拌し、さらに米粒大までカットする。

　これを一度濾して水分を除き、脇がくぼんだ伝統的な形にするための型に入れる。加塩は直接、あるいは塩水に漬ける。熟成はアルペッジョで始め、秋になったら麓の村に持って行き、自然の気候を利用して熟成を続ける。

　放牧牛の乳は、高山の植物由来の風味を持ち、コクのある複雑な味のチーズになる。牛たちはそのエリアの植物を食べつくすとさらに高地に上り、夏季放牧の4か月の間、酪農家たちは標高2500mまで牛とともに移動する。そのため彼らは高地に2〜3軒の家を持ち、移り住む生活をしている。

●歴史

　ケルト族が、アルプスの渓谷で放牧した牛からこのチーズを作り始めたと言われる。

●食べ方

　テーブルチーズとして。ドライフルーツと一緒に、バルサミコを添えても良い。

　ライブレッドにもよく合う。

　熟成したものはおろしても使える。

Bitto
● ● ●

まるでスター扱いの長期熟成ビット
生産者団体の分裂に、和解のニュース

　長期熟成に耐え、いまや超高級チーズとして知られるビットは1995年、イタリア国内認証のDOCを、1996年にEUのDOPを取得しました。製造は6〜9月のみで、標高1500m以上の高地で放牧した牛の乳に山羊乳を混ぜてつくる希少価値の高いチーズですが、当時、すでに生産者も生産量も少なかったせいか、指定産地は広げられ、「牛乳100％での製造もOK」とされました。ところがこの規定に異を唱える人たちが出てきました。

　ことは2002年に始まりました。

　本来の、山羊乳を5〜20％加えて昔ながらの方法で作る伝統的なビットを作る人を守ろうと、「ビット・ストーリコ（ストーリコとはストーリー、物語の意）」という団体が、DOP協会から離脱する形で誕生。すると、早速、スローフード協会の副会長から、同年トリノで開催される「サローネ・デル・グスト（食の祭典）」に招待されたのです。それがフランスのＭＯＦ熟成士で世界的でも活躍するエルヴェ・モンス氏の目に留まり、「一番印象に残ったチーズ」としてインタビューに答えたことが、ビット・ストーリコの歴史をスタートさせました。

ブラ祭りのプレシディオ通り（プレシディオが集まっている通り）でいつも人だかりができるほど人気のビット・ストーリコ。あまりに高価だが、売れ行きはよい

スターのビット・ストーリコは、熟成庫に立てて陳列されていました

ビット・ストーリコでの一人分の試食

「DOPビット」と、「ビット・ストーリコ」の行方は？

　2014年9月、熱心な誘いを受けて、ビット・ストーリコの大型熟成庫を訪問しました。石造りの熟成庫には1500個のビットがまるでアート作品のように飾られ、その多くは予約済みでした。15年前の8月に放牧中の高地を訪ねて感じた質素さとはまるで別物。しかし、こうした話題性のあるビット・ストーリコのおかげでビットの価値は100倍にも跳ね上がったそうです。

　試食は長期熟成イコールおいしいもの、という図式にのって、当年物、1年熟成、7年熟成とセットで一人30ユーロ。さすがにスターは強気です。

　しかし、残念なことに、ここでいただいたビットは1年ものに苦味を感じたり、7年ものには酸化臭を感じたり。急成長のチーズ作りゆえに経験の浅い作り手も多く、製造や管理に疑問を感じてしまいました。

　それでも、このあと地下にチーズカーヴを持つ老舗の食料品店の「チャッポーニ」を訪ねたら、同じビット・ストーリコを製造2週間後からここで熟成させているといって試食させてくれました。当年もの、2年熟成、5年熟成、10年熟成。どれもしっとりと滑らかで美味。苦味はまったくありません。この店の店主チャッ

Bitto

チャッポーニさんの後ろにも、ビット・ストーリコは陳列されていました

10年熟成(奥)と2年熟成(手前)。ここではどちらも美味でした

この橋を渡って、チッポーネに到着

チャッポーニの外観。歴史を感じさせる

ポーニ氏は、あまり長い熟成物より2年物がオススメだといいます。同じビットを熟成させている人でもまったく考え方が違うことに驚いてしまいました。

　このあと、さらにDOPビットの熟成販売所を訪ねました。ここでは最長熟成が2年。ビットである以上、ストーリコでなくても高価格ではありますが、それでも美味しいだけあって、よく売れていました。

　ビット・ストーリコは、DOPを離脱したのち世界的に有名になり、価格も上がり、HPも持ってスローフードでプレシディオに登録されています。しかし、同じビットでありながらDOPであるとかないとか、食べ手にとってはなんともややこしい、と思っていたら、ニュースが飛び込んできました。

　2014年11月10日、20年の争いに終止符。DOP協会とビット・ストーリコ

ビット

が歩み寄って和解が成立した、と。

規定書の書き換えなどはこれからでしょうが、同じルーツのチーズが1つになったことに胸をなでおろしました。

聞けば、毎年9月第3週末はビットの祭りで2000人もの人が集まるそうです。この祭りを街ぐるみで盛り上げているのは、今まではDOP協会でしたが、今後はいっそうの盛り上がりを見せることは間違いないでしょう。

DOP協会のビットも十二分に美味しくて人気をほこっていました

夏季放牧はこんなところで行われます

ピエモンテに15世紀からあるソフト&ハードの2タイプのチーズ

Bra
ブラ

産地・指定地区

ピエモンテ州

● 県の全域
○ 県の一部

種　　別	半加熱、圧搾
原 料 乳	牛、最高10%まで羊と山羊、または羊か山羊の乳を加えても良い。
熟　　成	テーネロ(ソフト)：最低45日 ドゥーロ(ハード)：最低180日
形・重量	少し突状の円柱形。表面は平ら。 直径30～40㎝ 高さ5～10㎝ 重さ5～9kg ※10%まで許容範囲あり
乳脂肪	テーネロ(ソフト)　最低40% ドゥーロ(ハード)　最低32%

ピエモンテ州クーネオ県全域 （熟成はトリノ県ヴィッラフランカ・ピエモンテ市でも行える）

外観と風味

テーネロ（ソフト）：淡い茶色がかった皮。弾力性に富む。表面はオイル塗布、または削った跡がある場合も。生地は白または象牙色、ときに麦わら色。魅力的なバランスのとれたアロマ。塩気あり。チーズアイあり。

ドゥーロ（ハード）：硬いが表面の様子はテーネロと同じ。生地は淡い麦わら色または濃い麦わら色。しっかりした味わいと塩気がある。しっかりした弾力性に富む。チーズアイは少ない。

※5月初めから10月下旬まで標高900m以上の特定指定地域で放牧した生乳で製造・熟成したものはアルペッジョ、またはプロドット・デッラ・モンターニャと名乗れる。テーネロは最低60日熟成、ドゥーロは最低120日熟成が必要。

DOC取得 1982年12月16日
DOP取得 1996年7月1日

● **製法**

　保存剤、着色料、香料の使用は禁止。

テーネロ（ソフト）タイプ

　1回か2回以上の搾乳分の乳を、動物の凝乳酵素と一緒に32〜40℃まで温める。その前に前日の乳かホエー、乳酸菌、自然の酵素を加えても良い。

　凝固後、大鍋の中でカードを2度に分けてカットするのが、このチーズの特徴。

　1度目は大きめにカットしてホエーを抜き、カードを固め、2度目はより細かくカットする。なお、カードの酸度を下げるために水を加えてはいけない。

　カードが理想的な硬さになったら型に入れる。季節や乳のタイプ、酸度の加減、ホエーの残量などを考えプレスの仕方、カードの上下のひっくり返し方を調整する。木製の型や布を使用しても良い。

　ホエーを抜いたら、塩水プールに漬けるか、食用の乾塩をかける。その期間は大きさや製造技術により差がある。

　最低45日熟成する。熟成や表皮の手入れのために、自然なものや植物性のアロマを使用しても良い。洗うまたは削る、ブラシをかけることも許されているが、蝋やプラスティックは使用してはいけない。

ドゥーロ（ハード）タイプ

　基本的に、＜テーネロ（ソフト）タイプ＞と同様の手順で進める。違いは「一部脱脂して良い」という点と、温める温度範囲が「27〜40℃」という点で、その前後の条件は変わらない。

　凝固後の作業も同様。ただし、大鍋の中でカードをカットするとき、「短時間、カードを加熱しても良い」という点はドゥーロ（ハード）だけに許されている。

　その後、型入れからプレスまでも同様だが、よりホエーを排出させて硬く仕上げるために、「カードをもっとカットしても良い」とされている。

　ドゥーロの熟成期間は最低180日と、テーネロタイプの4倍以上ある。その間の表皮の手当ての条件もテーネロと同様。

● **歴史**

　少なくとも15世紀には存在していた。放牧するための土地の代金の代わりとしてこのチーズを地主に捧げた、という記録が残っている。

　1970年代、若者が田舎を出て作り手がいなくなり、途絶えそうになったが、一部の人々の努力により、ラスケーラとブルースとともにこのチーズは蘇り、生産され続けている。

● **食べ方**

　リゾットに加え、溶けた状態で楽しむ。あるいはサラダに加えても良い。

Bra

スローフードの街が生まれ故郷
北イタリア・ピエモンテチーズの代表格

　ブラといえば、いまやすっかり知られたスローフードの本拠地です。「その土地に根ざした良質な産物やその生産方法を保護する」ことを目標の1つに掲げている同協会が、当時、まもなく統合されるEU諸国の伝統チーズを一堂に集めて「cheese」という大きなイベントを初めて開催したのは1997年のことでした。

　それまで、それぞれの国が大切に作り継いできたチーズは、それぞれの国の基準で、それぞれの呼び方で保護していましたが、EU統合後はEUの共通マークDOP（英語ではPDO）で認証することになり、このイベントはその披露の意味もあってEUのチーズ126種類すべてが勢揃いしたのです。

　このとき驚いたのは、それまでイタリアのDOC認証チーズは20種類だったはずが、DOPになるや、30種類になっていたことです。しかも、増えた10種のほとんどはそれまで無名だったもの。国際化が進む中で、生き残りをかけた関係者たちの必死さが伝わってくるようでした。

　ブラのチーズ祭りはその後も奇数年ごとに開催され、私も1999年以外は毎回訪れています。2007年をピークに規模は縮小されているものの、チーズ関係者が一堂に会すので情報交換をするには3日でも足らないほどです。

洗練された街で育ったチーズが、日本でも

　ところでブラは、スローフードの街であると同時にこの辺りで最もたくさん作られているチーズの名前でもあります。ブラのチーズ祭りの開催期ともなると、会場にはたくさんのブラがドン、ドンと積まれているだけでなく、街のめがね店や宝石店のショーウインドーにまでこのチーズがディスプレーされ、おらが街のチーズに対する愛情には圧倒されます。

　もともと、山間部の貧しい小さな村で一家庭の味として作られていたはずのこのチーズが、今日ほど生産量を増やしたのは、港町のジェノヴァとの取り引きが

きっかけでした。20世紀初頭、すでに経済的に栄えていたジェノヴァの人々は、このチーズの美味しさに目覚めます。そこに目をつけたブラの働き者の商人たちは、何トンものチーズを馬車に載せ、重労働をいとうことなくリグーリアまでせっせと運び、たちまち財を築いた、と資料にあります。ブラの街が洗練されているのも、そんな豊かな過去があればこそかもしれません。

2年に1度開かれるチーズ祭りには、ヨーロッパ中からチーズ関係者が集まります

「ブラ」は、柔らかなタイプの「テーネロ(ソフト)」と、熟成した「ドゥーロ(ハード)」の2種類があります。一般によく食べられているのは柔らかな「テーネロ」のほう。塩分も程よく、自己主張がないのでグラタンに、ポレンタにと大活躍。誰が食べても美味しいと感じるチーズです。

一方「ドゥーロ」は乳酸発酵特有の、ややスパイシーで個性的な風味。同郷の赤ワインと楽しむのがおすすめです。

ところでブラを日本に定期的に

ドンドン、ドンと積まれているブラの展示は迫力満点

輸入するようになって20年近い年月が経ちますが、日本で面白い出会いがありました。その方はブラで修行し、今は北海道の白糠でチーズを作っている井ノ口和良さんです。2001年9月に帰国して仲間と立ち上げた「白糠酪恵舎」の代表を務める彼は、ブラの師匠ジェルマーノさんに、「君は二人目の日本人だ」と言われ

1990年前半、クーネオの商工会議所でお会いしたブラ協会会長のメラーノ・ジェルマーノさん

ジェルマーノさんの工房では木の型も使用していましたが、この当時はアルミ製（写真上）が主流。今ではプラスティックに代わったことでしょう

たのだというのです。

　一人目だと言われる私が、ブラの生産者でありブラ協会会長でもあるメラーノ・ジェルマーノさんに出会ったのは、日本にまだ、ピエモンテのチーズがほとんど紹介されていなかった1990年代前半のことでした。彼は自分の工房に私を案内し、「型は、カードを急激に冷やさないために木製のものだったけど、EUの新しい衛生基準だとプラスティック製にせざるを得ない」と話してくれました。私のあまりの興味津々の姿に、ついに昔使っていた木の型をプレゼントしてくれた人だったのです。

　あのとき見たチーズ作りが、それも少々ホネのある「ドゥーロ」のほうの作り方が、今、日本で芽を出していると思うと、日本のチーズの行く末が楽しみでなりません。ただ日本で作るチーズに「ブラ」という名前はつけられないため、井ノ口さんのチーズは、フランスとの国境の山の名前「モンヴィーゾ」と名乗り、少しずつファンを増やしています。

ブラで必ず立ち寄るチーズショップ「ジョリート」

ブラ祭りでは精力的に客をもてなすブラの人気者

フィオレンツォ・ジョリートさん

　２年に１度のブラ祭りではもちろん、ブラ以外の展示会でも日本でも何度となく会っているのがブラの街で素敵なチーズショップ「ジョリート」を経営しているフィオレンツォ・ジョリート。20年近く前、ピエモンテのチーズを探す旅で親切にしていただいたときからのご縁です。

　2013年のブラ祭りでお店に伺ったときは、改装されたお店とまるで博物館のようになった地下のカーヴを丁寧に案内していただきました。

　彼のアイデアで生まれた酔っぱらいチーズ「ブラチュック Braciuk」が新宿伊勢丹で開催されたイタリア展で話題をさらったのは10年ほど前。その後、トリノのイーイタリーに出店したのを契機に日本のイーイタリー各店でも「ブラチュック」は広く知られる存在になりました。

　もともと日本が大好きで来日の機会も多く、日本に友達もたくさんいるそうです。彼のチーズに対する愛情と、誠実な人柄が人を引き付けるのかもしれません。還暦を過ぎてもバイクで山を走るのが大好きというアクティヴな一面も魅力の１つ。ブラに行ったら「ジョリート」をぜひ、のぞいてみてください。

「ジョリート」のＢ１のカーヴは博物館にもなっています

チーズを語らせたら熱い、熱い。ピエモンテの珍しいチーズにも詳しいこと

南イタリアのパスタフィラータチーズ。馬にまたがった姿から命名
Caciocavallo Silano
カチョカヴァッロ・シラーノ

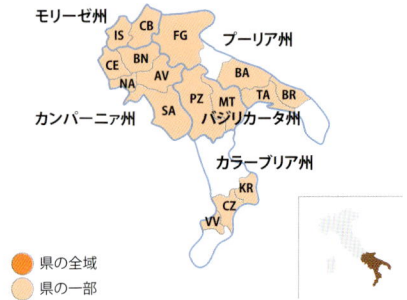

産地・指定地区

● 県の全域
● 県の一部

種　　別	パスタフィラータ
原 料 乳	牛乳の全乳。最高 58℃で 30 秒の加熱処理をしても良い。
熟　　成	最低 30 日
形・重量	洋梨形 重さ 1 〜 2.5 kg
乳脂肪	最低 38%

カラーブリア州カタンザーロ県、クロトーネ県、ヴィーボ・ヴァレンティア県の一部。カンパーニャ州アヴェッリーノ県、ベネヴェント県、カゼルタ県、ナポリ県、サレルノ県の一部。モリーゼ州イゼルニア県、カンポバッソ県の一部。プーリア州フォッジャ県、バーリ県、ターラント県、ブリンディズィ県の一部。バジリカータ州マテーラ県、ポテンツァ県の一部。

外観
麦わら色で、薄くて艶のある皮。縛ったひもの跡がある。

生地
きめがそろっていて身がしっかり詰まっている。チーズアイが少しある。白から麦わら色。中心部に向かうほど色が濃くなる。

風味
風味豊かで、口の中でとろりととろける。若いうちはデリケートで甘みがあるが、熟成するとうまみと辛みが出てくる。

DOC 取得 1993 年 5 月 10 日
DOP 取得 1996 年 7 月 1 日

●製法

　子牛または子山羊から採取されたペースト状のレンネットを加えた牛乳を 36〜38℃に加熱して凝固させる。同じ製造所の前日のホエーを加えても良い。

　カードがほどよい硬さになったら 2、3分後にヘーゼルナッツの大きさまでカットする。

　乳酸発酵で進むカードの熟成は 4〜10時間続く。乳の酸度、温度等様々な要因でもっと長引くこともあり得る。

　カードの熟成が終了したかどうかは、生地が糸を引く状態になったかどうかで見分ける。それには生地を少量取り、沸騰寸前の湯に入れ、それが伸び、弾力性と光沢があり、切れずに丈夫であることが必要である。つまり、Fila= 長くつながった状態にならなければいけない。

　その後、やけどをしそうなほどの熱湯を加えて練る独特の作業を経て、太いひも状にしてから力強く手で、様々な形に成形する。表面はつるつるした状態で、擦り切れたり、ひだができたり、中に空洞ができないように作り上げる。

　一瞬熱湯に浸し、手で一つずつ、頂点の部分を閉じる。その後、形作りし、先端に小さな頭のような形を作る。

　形ができたら冷水に漬けて冷やしてから、塩水に浸す。塩水に浸す時間は重さにより異なるが、少なくとも 6 時間は浸さなければならない。

　塩水から引き上げたら、2 個ずつひもで縛り、長い棒につるし、最低 30 日は熟成させる。

●歴史

　南イタリアの特徴的なパスタフィラータタイプのチーズだが、その中でも古いものの一つである。

　カチョ（＝チーズ）の作り方については、紀元前 500 年に書き残されたものがある。学者プリニウスもこのチーズの前身と言われるブティッロの品質について書き残しているくらいである。

　炉端の近くの長い棒に 2 個ずつつるした姿は、まるで馬にまたがっている姿に見えることから、このチーズの名前「カチョカヴァッロ（CACIO＝チーズ　CAVALLO＝馬）」がついた、と言われている。

　シラーノとは、このチーズの原産地であるシーラ高原から来ている。

●食べ方

　そのままカットするか、またはかち割ってテーブルチーズとする。

　料理にするなら赤身の肉やキノコに合わせて、または鉄板で焼いても美味しい。

　栄養価が高く、子供や老人、スポーツ選手のための食品としてもふさわしい。

Caciocavallo Silano

半島のつま先、カラーブリア州を2度訪問 オリジナルは、長く伸びた洋梨形

初めて行ったシーラの森で出会ったポドーリカ牛

シーラの象徴カラマツ

　つるりとした艶やかな外皮と滑らかな生地、カチョカバロの名で日本でも人気者になったこのチーズは、ただスライスしただけでも穏やかな旨みですが、フライパンでソテーするとさらに美味。溶けて糸を引く美味しさが、日本の多くの人たちを魅了し、今では日本の多くのチーズ生産者たちがカチョカバロ作りに情熱を注いでいます。
　その故郷は、なんとイタリア半島の足首から下あたりの5州のほぼ全域です。あまりに広い指定地域ですが、それほどにどこでも作っていた歴史のあるチーズだということです。それでも各地域ごとに自分たちの「形」には主張があって、モリーゼ、プーリア、カンパーニャ、バジリカータの各州はぷっくり膨らんだ球形の口をぎゅっと結んだひょうたん形、カラーブリアとバジリカータ州は長くのびた洋梨形を代々作ってきたといいます。ただ、カチョガヴァッロという名前の語源にもなっている'2個を対にして紐でくくり、棒にぶら下げて熟成させる'姿はど

カチョカヴァッロ・シラーノ

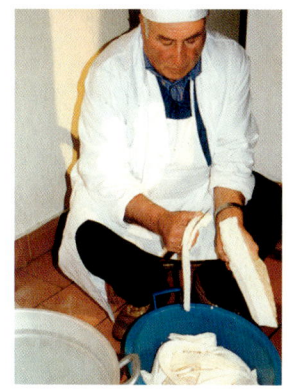

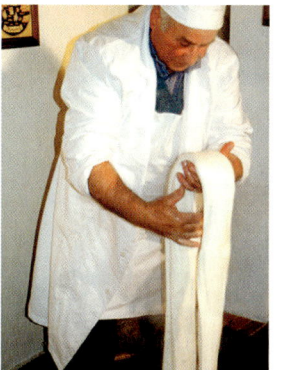

男爵が10年物を割ってご馳走してくださいました

パカッと音を立てて割れた10年熟成は、アミノ酸の結晶をたっぷり含んでいました

こも同じです。

　一方、DOPの名称につく「シラーノ」とは、カラーブリア州の深い森「シーラ Sila」を指し、このチーズのロゴマークにはその森を象徴するカラマツの姿が描かれています。現地の人が、ここのカチョカヴァッロこそオリジナルだと主張し、細長い洋梨形を自慢するゆえんです。

シーラの森の生産者を訪ねて

　2001年の冬と2012年の秋の2回、シーラのある故郷カラーブリア州の作り手を訪ねました。

　1回目は牛のオリジナルにもこだわって、ポドーリカ種の乳で作っている人を探していたら、シーラの森の中にあるコリーチェ男爵の屋敷に案内され、その一

Caciocavallo Silano

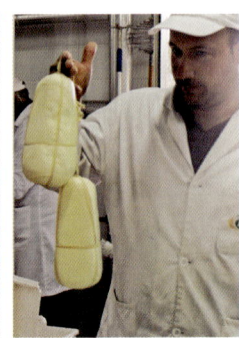

紐は今日ではビニール製も多い中、パエーゼ社は伝統を守り、ラフィアを使用。お尻の部分がきちんと十文字になるように結ぶのがポイント

　角にあるチーズ小屋で熟練の職人が小さなバケツのような道具に熱湯を注いでカチョカヴァッロを作る工程を見せてくれました。男爵がパカッと割って食べさせてくれた 10 年物のカチョカヴァッロ・シラーノの味は今も忘れられません。しかし、それから 10 余年。男爵家はすでにチーズ作りをやめ、2 回目の訪問時には生産者はカラーブリア州全域でたったの 5 軒、シーラの山中にはそのうちのたった 2 軒となっていました。

　その 2 軒のうちの 1 軒のパエーゼ社は 1985 年に創業した会社です。祖父は移動放牧をしながらチーズを作っていましたが、父の代で販売網をコツェンツァ県の都市部に広げ、いまはマルコが小さいながら家族経営の工房を運営しています。

　入り口を入ると、左手には販売用の冷蔵ケース、右手にはガラス越しにチーズの製造が見学できるようになっています。チーズを買いに来た人も心得たもの

で、工房内が忙しそうにしているとゆっくりと待っていてくれます。私たちが到着したときも、初老の男性が静かに待っているところでした。

工房の中ではマルコの兄アントニオが、カードを伸ばして中にバターを入れるブッリーノや、かわいいブタやカメ、続いてカチョガヴァッロ・シラーノの紐かけを見せてくれました。

ところで、この工房の前の道路を挟んだ反対側は、広い牧草地。気になっていたポドーリカ牛についてたずねたら

「以前飼っていたポドーリカ牛が角で柵を壊してね。だから今は性格のおとなしいペッサータ・ロッサ牛、ペッサータ・ネーラ牛、ブルーナ牛を飼うようになったんだよ」

と教えてくれました。

地中海から東欧に伝わったカチョカヴァッロはギリシャで出会ったときは「メチョボネ」と呼ばれて人気を誇っていました。ハンガリーでは「カシュカヴァル」と呼ばれるほか、トルコやブルガリアにも同様のチーズは存在しますし、シチリアのDOPチーズ「ラグザーノ」でさえ、オリジナルはこのカチョカヴァッロです。

人気のチーズは軽々と海を渡り、種を落としたところに根を張って広がると、次第にオリジンがあやふやになります。だからこそ、DOP制度で正式に「カチョガヴァッロ・シラーノ」と命名されました。

おいしいパスタのための小麦も育ち、DOP食肉加工品もサルシッチャ、ソプレッサ、パンチェッタ、カポコッロと4つもあり、森はきのこも育てるカラーブリア。イタリア半島のつま先巡りは、思いのほか収穫の多い旅でした。

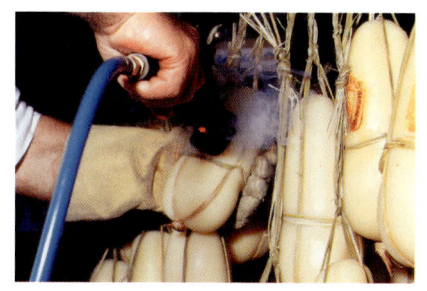

熟成して、合格したチーズには、シーラのカラマツの焼印が押されます

きのこ祭りでは、ゾウ、ロバ、ブタ、きのこ、カメなど連れて帰りたくなるカチョカヴァッロが山積み

籠の網目模様がトレードマーク。南イタリアの濃厚な羊乳製チーズ
Canestrato Pugliese
カネストラート・プリエーゼ

産地・指定地区

● 県の全域
● 県の一部

プーリア州のフォッジャ県全域、バーリ県の一部

外観
籠の網目模様の、硬くて厚い黄色がかった栗色の皮で覆われている。オリーヴオイル、またはオリーヴオイルにワインヴィネガーを混ぜ合わせたものを塗ってあることもある。

生地
麦わら色で、熟成が長くなるとそれがより濃くなる。身がしっかり詰まっており、同時に砕けやすい。溶けやすく、あまり弾性はない。小さなチーズアイがある。

風味
はっきりした辛みがある。

種　別	非加熱、圧搾
原料乳	羊の全乳
熟　成	2か月から10か月
形・重量	上下面は平らな円柱形。側面は若干膨らみを持つ。 直径 25～34 cm 高さ 10～14 cm 重さ 7～14 kg
乳脂肪	最低 38%

DOC取得 1985年9月10日
DOP取得 1996年6月12日

●製法

1回、または2回の搾乳から得た羊の全乳に動物性の凝乳酵素を加え、38〜45℃(37~38℃)に温め、15分から25分でカードを作る。

カードは細かくカットし、42℃まで少しずつ温度を上げていく。

このカードを集め、出来上がったチーズの表面にこのチーズの特徴とされる籠（カネストラーロ）の網目が残るよう、その模様のついた型に入れ、圧搾する。

その後、籠ごとホエーに漬ける。

2日から4日後の下準備の後に加塩を行う。加塩は乾塩を表面からかけるか、塩水に浸す。その間、型に入れたままでなければならない。

通気性の良い、涼しい場所で2か月から10か月熟成させる。

●歴史

このチーズは、現在では製造は通年だが、もともとは羊の季節移動と深い関わりがあった。

かつてのカネストラート・プリエーゼは羊の出産期に当たる12月から5月に作られていて、この時期、羊の群れはアブルッツォ州からプーリア州に移動していた。

チーズ作りにもともと使われていた籠は、この移動先のプーリア産の葦で編んだものであったという。プーリアの葦は他の地域のものと比べると、より甘みがあるので、チーズの風味に影響を与えないというメリットがあるとされる。

●食べ方

ナイフで大きなくし形にカットして、湿らせた綿の布で包み、保存するのが好ましい。

フルーツや野菜と一緒に食べるか、おろして使う。たとえば若いカネストラート・プリエーゼは、スティック野菜と一緒にオリーヴオイルで、または若い生のソラマメや、洋梨ともよく合う。

ワインは白、あるいはロゼの辛口のスティルワインを添えると良い。

熟成したものは、おろして、ミートソースのショートパスタや、プーリア風煮込みにかける。

Canestrato Pugliese
● ● ●

網目模様のチーズを訪ね、
本物の葦の籠に出会う

　カネストラート・プリエーゼは、イタリア半島のアキレス腱あたりのプーリア州で作り継がれてきた羊乳製のチーズです。名前のカネストラートとは籠を意味し、したがってそのまま訳せば「プーリア地方の籠チーズ」。表面の網目模様もこの籠に由来します。

　籠とは、この辺り一帯に自生する葦で編んだもので、十分な樹木が育たない自然環境では、チーズを固めるための道具も木製ではなく、葦製というわけです。この籠に入れて作るチーズ作りは、南イタリア全域（アブルッツォ州、プーリア州、バジリカータ州、シチリア州など）でその足跡を見ることができます。しかしEUが統合され、新たな衛生基準が施行されて自然素材は全て使用禁止。内側に網目模様を掘り込んだプラスティック製の型に変わると聞きました。

　歴史の話にいつも出てくるように、かつて羊飼いたちは移動放牧を行っていました。しかし、いつしか各地に定住するようになり、それぞれの土地の特徴を持った羊乳製チーズが育ったため、今日、南イタリアにはバラエティ豊かなチーズがあります。

1997年に見学したプーリアチーズ協同組合の工場は、すでに近代的な設備が整い、自然素材の葦の籠は使っていなかった

協同組合の工場併設の販売所では、熟成違いのカネストラート・プリエーゼを試食し、塩分も程よく甘みも感じられる一年物を購入。壁にはカチョ・カヴァッロやスカモルツァがぶら下がり、羊乳製、牛乳製あわせて約20種類のチーズが並んでいました

このチーズの産地近くには、とんがり屋根で有名な世界遺産・アルベロベッロの村がある

カネストラート・プリエーゼ

　カネストラート・プリエーゼは、そんな南イタリアの網目模様チーズの代表格ともいえるもので、1996年に施行されるDOPに先んじて1985年にDOCを取りました。
　とはいえ、DOPの規定ながらサイズの許容範囲の幅の大きさには改めて驚かされます。季節によって乳量が異なるのですから仕方ないことではありますが、初めて日本から注文したとき、3kgほどのほどよい大きさが届いてすぐに売り切れてしまったので次に3個注文したら、なんと、ひとつ10Kgもあろうかと思うほどの、大きなものが届いたのです。クレームを言うこともできず、販売に苦労したことを思い出します。
　南イタリアの人たちにとって、チーズといえば羊であり、羊乳製チーズがなくては始まりません。しかし、日本では甘みのある羊乳製チーズこそ人気があるものの、このチーズのようにピリッと刺激的なタイプとなると、多くのファンの獲得は難しいかもしれません。
　ところで、私はこのチーズに関わる貴重な物を持っています。20年近くも前のことですが生産者を訪ね、すでに使わなくなったという葦の籠のことを聞いているうちに、工場長らしき男性が奥のほうからよく使い込まれて茶色に輝く籠を3つも持ってきて、プレゼントしてくれたのです。
　時代とともに、チーズ作りは羊飼いから共同工場へと託されるようになり、EU統合で葦の籠は厳しい立場に立ちました。ひょっとしたらすでに骨董品級かもしれないいただいた籠を前に、せめてもその跡形だけでもこのチーズに継いで欲しいと願ってしまいます。

もちもち食感のフレッシュチーズ
Casatella Trevigiana
カザテッラ・トレヴィジャーナ

産地・指定地区

● 県の全域
● 県の一部

ヴェネト州トレヴィーゾ県の全域

外観
皮はないか、わずかに確認できる程度。柔らかそうで艶がある。ミルク色、あるいはクリーム色。小さいチーズアイがある場合も。

生地
パンなどに塗ることができるほど柔らかいが、クリーミーではない。

風味
口の中で溶け、風味は控えめでミルクの香りがする。フレッシュさを感じさせる香りで、ミルクの甘みも感じられる。酸味が少しある。水分は 53 〜 60%。

種　　別	フレッシュ
原 料 乳	フリゾーナ牛、ペッツァータ・ロッサ牛あるいはブルーナ・アルピーナ牛の全乳で、乳脂肪が 3.2%以上であるもの(乳牛の飼料の 90%は産地指定地区で収穫したものでなくてはならない。乳は 70 〜 75℃で 15 〜 25 秒間、加熱殺菌しても良い)。
熟　　成	なし
形・重量	円柱形 〈大きいタイプ〉 直径 18 〜 22 ㎝ 高さ 5 〜 8 ㎝ 重さ 1.8 〜 2.2 kg 〈小さいタイプ〉 直径 8 〜 12 ㎝ 高さ 4 〜 6 ㎝ 重さ 0.25 〜 0.70 kg
乳 脂 肪	18 〜 25%

DOP 取得 2008 年 6 月 2 日

●製法

製造は搾乳後48時間以内に始める。凝固させるために、34〜40℃(季節や乳の酸度によって左右される)に加熱し、すぐに、産地指定地区内の前日の乳（ラッテ・インネスト）を加える。このチーズ作りで加えるインネストの微生物は全て土着のものであり、それがこのチーズの特徴を生み出す。

続いて、子牛から取った液体または粉末の凝乳剤を加え、15〜40分、固まるのを待つ。固まったら、まず十字にカットして、45〜55分間寝かせる。これはクリーム状のチーズと比較すると長いが、このことでホエーがより確実に排出され、チーズが硬めに出来上がる。

2度目のカットはクルミ大にし、チーズをさらに硬めに仕上げる。

7〜13分ほどゆっくり撹拌して側面に穴の開いた円柱形の型に入れる。

その後、大きめのもので最高3時間半、小さめならそれ以内、型に入れたまま25〜40℃の部屋で寝かせ、途中2〜4回ひっくり返す。

加塩は海塩の塩水に大きめで80〜120分、小さめで40〜50分浸す。あるいは海塩を直接、表面にかけても良いし、カードを作る際に、全体量の0.8〜1.2%の塩を加えるという方法をとっても良い。

熟成は室温が2〜8℃の部屋で4〜8日間行い、その間、少なくとも2日に一度はひっくり返す。

他のフレッシュタイプのチーズと比べ、加塩の時間が長いことや、熟成時の温度が高く、期間も長いことなどが、このチーズの味わいの特徴を生み出す。

●歴史

17世紀には、カザテッラという名前がすでに書き残されている。水切りのシリンダー形の型からフォルマジェーラと呼ばれることもあった。

トレヴィーゾ平野の一部では、昔から青草や干し草を生産していた。というのも、この地域の中小規模の農園は、農作業や食用、乳または農地の肥料のために動物を飼っていたからだ。乳はまず飲用に、たくさんある場合にはバターやチーズに加工して保存食としていた。

農家で作られていたころのチーズは、農家によってあるいは季節によっても作り方や乳の量がまちまちで、形、重さ、硬さ、脂肪分、味なども様々なタイプがあった。

食糧難の時代や、乳牛を2、3頭しか飼えないような貧しい家では、チーズを作るのに足らない分だけ、乳を近所から分けてもらうこともあった。そのやりとりから、最初にできた協同組合は「ミルク貸し」という名前で呼ばれていたという。

チーズ作りは、伝統的な製法を守りながらも農家から酪農工場へと移るにつれ、品質は安定し、よりソフトな生地になっていった。

また、かつては冬のみの生産だったものが、今では年間を通して生産されるようになった。

Casatella Trevigiana

味はやさしく、食感はわらび餅？
人気の秘密は「控えめさ」

　イタリア北東部のアドリア海側で、水の都ヴェネツィアを擁するヴェネト州を訪ねたのは、2012年の陽光の輝く5月のことでした。

　ここで近年人気上昇中のチーズ「カザテッラ」は、ヴェネツィアから北へ30kmほど入った、シーレ川が流れる美しい街トレヴィーゾで生まれました。

　名前は家を意味する「カーサ casa」から名づけられたとも、またラテン語でチーズを意味する「カゼウス」が転じたイタリア語「カチョ cacio」から来たとも言われています。

日本でさっそく再現した生ハム包みの盛り付け。なんと華やかなことでしょう

　もともと冬季のみの限定生産で、それも地元で消費されるだけだった「カザテッラ」も、いまでは通年生産できるようになり、2008年6月には念願のDOPも取得しました。おかげでイタリア国内でも注目度が増し、生産量も飛躍的な伸びを記録している、というわけです。

14軒の「カザテッラ」生産工場のうちのひとつ、「ラッテリア・サンタンドレア」

工場を見学。400gと2kgの2サイズがありました。

DOP カザテッラ保護協会のパンフレットには 14 軒の工場がリストアップされていましたが、この時訪ねたのは1936年創業の「ラッテリア・サンタンドレア」という、14 軒の中でも中規模の工場でした。同社は 13 軒の契約農家から牛乳を集め、72℃で殺菌処理していました。

　工場に併設されたショップは、次々と買い物に訪れる人たちでにぎわっていました。主力商品は牛乳、ヨーグルト、地元の人気チーズ「ラッテリア・サンタンドレア」だそうですが、すぐ食べられるフレッシュタイプの「カザテッラ」も、飛ぶように売れていたのが印象的でした。

　これも世の中の嗜好が「熟成させた風味の強いチーズより、味わいの優しいチーズへ」と移っていることの表れでしょう。

　口に含むとババロアやわらび餅を思わせる、もちもちとした食感。ミルク由来のほんのりとした甘みと優しい酸味とのバランスがよく、いろいろな食材との組み合わせられそうです。

　たとえば、生ハムで側面を包むように巻くと、まるで花のようなおしゃれな趣です。地元では、「ソプレッサ」と呼ばれているサラミと一緒に食べるのがおすすめのようでした。また、ほどよい苦みを持つ野菜と合わせたり、ポレンタに添えたりしてもおいしくいただけます。

　食べやすく、料理を引き立て、わき役に徹してくれるチーズ。このあたりが人気の秘密かもしれません。

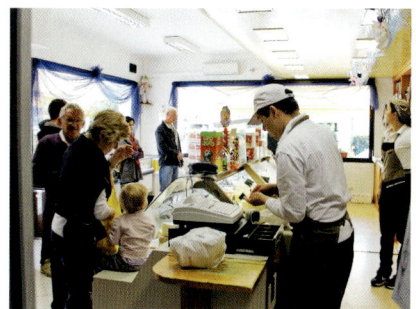

工場併設のショップはかわいい瓦屋根。次々とやってくる買い物客でにぎわっていました

ルネッサンスの香りをまとった羊と牛の混乳チーズ
Casciotta d'Urbino
カショッタ・ドゥルビーノ

産地・指定地区

● 県の全域
● 県の一部

マルケ州ペーザロ・エ・ウルビーノ県の全域

種　別	半加熱
原料乳	羊の全乳 70～80％と牛の全乳 20～30％の混乳
熟　成	20～30日
形・重量	円盤形。上下面、側面ともに丸みがある。 直径 12～16 ㎝ 高さ 5～7 ㎝ 重さ 800～1200g
乳脂肪	最低45％

外観
厚さ約 1mm ほどの薄い皮。若いうちはアイボリーホワイトだが、熟成すると麦わら色になってくる。

生地
柔らかくて弾力がある一方で、もろさもある。小さめのチーズアイが少しある。色は白から麦わら色になっていく。

風味
製造過程で生まれた特有の甘みがほんのりとあり、優しい味わい。

DOC取得 1982年3月30日
DOP取得 1996年6月12日

●製法

　乳はろ過した後、乳酸菌を加えて約 35℃ に温め、凝乳酵素を入れる。20〜30 分ほど待って凝固したら、ヘーゼルナッツの大きさにカットする。その後、43〜45℃まで温度を上げる。

　カードは、底の丸い型に詰め、手作業で優しく圧搾し、何度か上下をひっくり返すことで、特徴的な丸みを帯びた上下面と側面ができる。

　形が整ったら型から出し、乾塩または塩水を使って加塩をする。

　熟成は気温 10〜14℃、湿度 80〜90%の環境で 20〜30 日間行う。

　かびを防ぐために、薄い蝋で表面を覆うことが許されている。

●歴史

　1545 年には、すでにウルビーノ公国の憲法に関わる書物に、このチーズの名前を見ることができる。

　ウルビーノ公を生んだデッラ・ローヴェレ家は、とりわけこのチーズの品質向上に努め、地元の土着の羊の乳を使用することを奨励し、羊の放牧のための税金と、チーズの輸送費用を半額にしたと言われている。

●食べ方

　オリーヴオイルとハーブ、こしょうで味付けをしてテーブルチーズとして楽しむ。サラダに加えても良い。

　また、ドライフルーツやフレッシュなフルーツと合わせても良い。

　料理としては、ポレンタに添える、または様々なグラタンのためのチーズとしても使いやすい。

　熟成の若いものは、ソースの材料として使うこともできる。

Casciotta d'Urbino

ルネッサンスの古都で知った、ミケランジェロの好みの味

ウルビーノの街。ルネッサンス時代に築かれた美しさは今も健在です

　イタリアの中部から南部にかけては、小型チーズのことをカチョッタ Caciotta といいます。そこに方言で s が入ったのがカショッタ Cascitta。したがって、カショッタ・ドゥルビーノとは「ウルビーノの小型チーズ」という意味です。
　ウルビーノとはイタリアの中部、アドリア海に面した小さなマルケ州の北端の県に属する山間の都市です。15世紀から17世紀のウルビーノ公国の時代には天才画家ラファエッロを生み出した街でもあり、すばらしいルネッサンスの花が咲いたことは美しい街並みを歩けば分かります。とりわけルネッサンス様式で有名なドゥカーレ宮殿には当時、文化人も多く集まり、ここで生まれた宮廷のマナーがその後、長い間ヨーロッパに影響を与えたそうです。
　そんな街でウルビーノ公爵がチーズづくりを奨励したのが16世紀のはじめごろ。たとえ収量が少なくとも地元の羊を大事にし、その羊のために用地を広げ、その乳からチーズを作ることの意義を唱えました。おかげで16世紀半ばにはこのチーズについて法律が整い、需要も増えました。これぞ「ウルビーノのチーズ」と命名した当時、公爵の下、地元の人々もきっと誇らしく思いながら盛んに作っていたことでしょう。

カショッタ・ドゥルビーノ

　とりわけ、羊乳にはシーズンがあるため、足らなくなる季節のことまで配慮してこのチーズのレシピを確立させたのは先見の明がありました。それが牛乳との混合です。もちろん味も良かったため、かの芸術家ミケランジェロもこの混乳製のチーズを気に入り、生涯にわたって、わざわざ農家から直接送らせていたという逸話があるほどです。

　ただ、当時大切にされていた地元の羊はアペニン・ブラウン種、牛はマルキジャーノ種でしたが、現在多く飼われているのは乳量の多い品種で、羊はサルデーニャ種、牛はフリゾーネ(＝ホルスタイン)種やブルーナ種です。

　2001年に訪ねたヴァルダプサ製造所のご主人も、30年前に家族でサルデーニャから渡ってきてチーズ作りを始めた一人でした。30年前は1日10個の製造だったものが、DOPを取り、多くの人に優しい味わいを知られるようになると1日1000個も製造する会社に成長したそうです。ラベルに描かれたラファエッロの毅然とした表情とともに、この街の文化遺産を誇る気持ちが伝わってきました。

　弾力があり、口に含むとミルクの甘い香りが広がります。500年も前の偉人ミケランジェロの好みがわかって、ちょっとうれしい気分になりました。

このチーズの底が丸いのは、かつてボウル形をしていた陶器の型の名残。ほかに木製の型もありましたが、いまはすべてプラスティック製に

郊外に建つヴァルダプサの工房。春には美しい草原が見られるのかもしれません

山育ちの製法も近代的に。自然の青かびが育てば独特の風味

Castelmagno
カステルマーニョ

産地・指定地区

ピエモンテ州

● 県の全域
● 県の一部

ピエモンテ州クーネオ県の一部

外観
皮は薄く黄色だが、ピンクがかることもある。熟成するに従って色は濃くなり、ざらざらしてくる。

生地
初め真珠色、象牙色をしている生地は、熟成すると黄土色になり、伝統的な方法、つまり手作業で長い鉄の針で穴を開けた場合はブルー、あるいは緑がかった筋（青かび）が入る。
若いうちはボロボロ崩れるが、熟成するとしっかりしてくる。

風味
熟成の若いものは塩味もほどよく、洗練された繊細な味わい。一方、熟成が進むとスパイシーで強い個性が出てくる。

※5月初めから10月終わりまでのうちの一定期間、放牧した動物の乳を使用し、全ての製造作業から熟成までを標高1000m以上の場所にあるアトリエで行ったものは "di Alpeggio"（ディ・アルペッジョ）と書き添えても良い。

種　　別	非加熱、圧搾
原料乳	牛乳の生乳、全乳あるいは一部脱脂。最高で4回の搾乳。5〜20％羊または山羊の乳を加えても良い。
熟　　成	最低60日
形・重量	円柱形。平らな表面 直径 15〜25 cm 高さ 12〜20 cm 重さ 2〜7 kg
乳脂肪	最低34％

DOC取得 1982年12月16日
DOP取得 1996年7月1日

●製法

製造は年間を通して行われるが、アルペッジョは 5 ～ 10 月のみ行う。

乳は 6℃以上の温度で保存することが許可されている。

乳の温度を 30 ～ 38℃に保ち、子牛からとった液体の凝乳酵素を添加し、30 ～ 90 分かけてカードを作る。乳酸菌の使用は禁じられている。

ほどよい状態に凝固したら、上下を返し、ホエーの中でカットする。均一に、最初は大きめに、次第にトウモロコシの粒の大きさに、最後にはヘーゼルナッツ大になるまでカットしていく。

大鍋の中で 10 ～ 15 分かき混ぜ続けて、ホエーとの分離を促す。その後、カードが底に沈むまで休ませる。

乾いた清潔なリザーラと呼ばれる布にカードを入れ、プレスしてつるす。あるいは斜めの台に置く。この場合は、少なくとも 18 時間寝かすことにより、プレスすることなくホエーが押し出される。この間、カードを冷やしても良い。

その後、清潔な容器（木製も可）に移し替え、前述の作業で得たホエー（水温 10℃以上）に 2 ～ 4 時間浸す。この作業により発酵を調節する。

カードをカットし、細かくし、混ぜ合わせ、塩をする。布に包み、DOP のマークの入った枠をはめ、少なくとも 1 日間手作業あるいは機械でプレスを行う。

色や皮の硬さを調節するために、さらに乾塩の使用が認められている。

熟成は涼しくて湿気のある自然の洞窟、あるいは同様の環境で最低 60 日間、棚に乗せて行う。気温は 5～15℃で、湿度は 70～98%。これにより、カステルマーニョ独特の自然なかびが育ちやすくなる。

●歴史

伝説によると、カステルマーニョはグラーナ渓谷の牛飼いが考え出したものと言われ、その歴史は 12 世紀に遡る。

現在は製造面において、その職人の腕に頼る技術が合理化され、標準化されたことで、国際的なレベルで評価されるチーズになったが、先人の築いた製法と味を守るため、新たに格付け制度も生まれている。

●食べ方

テーブルチーズとしても良いが、生クリームと合わせてソースにし、パスタやリゾットに加えて、あるいはニョッキやポレンタに合わせても良い。

また、牛肉のカルパッチョに加えても美味。デザートとして、蜂蜜やジャムを添えても良い。ワインはフルボディの赤ワインに合わせることをおすすめする。

新制度ができてから訪ねたふもとの熟成専門業者の熟成庫には、たくさんの「カステルマーニョ・ダルペッジョに予約札がついていました

Castelmagno

● ● ●

伝統も、経済も求めた新制度で
息を吹き返した高地の幻チーズ

晩秋のカステルマーニョ村。冬には10mもの雪がこの一帯を包みます

　イタリアの西端ピエモンテ州は、7つものDOPチーズを輩出している伝統チーズの宝庫です。その中でもカステルマーニョは最も崇高なチーズと言われながら、紆余曲折の歴史をたどってきました。
　名前はクーネオから西に小1時間ほど走ったところにある山と、その頂上にある教会に由来します。もともと、この高地のカステルマーニョ村で夏の間放牧した牛の乳で作られていたチーズでしたが、このあたりは冬になると深い雪に埋もれてしまうため、人は次々に山を下りて平地で暮らすようになり、いつしかカステルマーニョチーズそのものの存続が危うくなってきました。
　そんな危機を救ったのが1982年のDOC取得です。指定産地をカステルマーニョ以外の2つの村にまで広げ、平地で、工場でも作れる、さらに秋から冬にかけての放牧期以外のシーズンも製造できることになり、生産量の減少を食い止める

カステルマーニョ

深い谷間に放牧中の牛が見えました　　1990年代に訪れた晩秋の熟成庫。幻の製法で作られたカステルマーニョは、もうわずかしか残っていませんでした

ことができました。

　しかし、こうして広がりはじめた工場製のカステルマーニョの存在は、結果的には質の低下を招き、消費者の混乱を招くことになります。その1例が、本来の熟成したカステルマーニョに入る自然の青かびです。事実、このことを知っている人が少なくなれば、こうした本来なら貴重とされるカステルマーニョが「欠陥品」扱いされるようなことも出てきたのです。

　こんなとき、伝統の本物のカステルマーニョを知っている人々から、昔ながらの製法で、夏季放牧の期間だけ製造していた本物のカステルマーニョを復活させたいという声が上がりました。そこで、カステルマーニョ協会は、広く生産者を集め、何度も話し合いを行い、2006年7月、ついに「相違を擁護する」という方針のもと、新しい規定を作ったのです。

新規定で守る伝統の夏作りカステルマーニョ

　新しい規定では、標高1000m以上で夏季放牧(5〜10月)を行い、その牛たちの無殺菌乳で製造し、その場で最低2か月以上熟成させたものには「アルペッジョ Alpeggio」という表示ができることになりました。

　違いは文字だけでなくラベルの色でも表現され、標高がより低いところで製造されたり、標高にかかわらず冬季(11〜4月)に製造されたものが青色ラベルなのに対し、「アルペッジョ」には緑色のラベルが使われます。

Castelmagno

中身は象牙色。熟成が進むと黄色みを帯びてきて、自然の青かびが生えてきます。緑色のラベルはアルペッジョのしるし

牛たちは急な斜面も力強くのぼります

　ところが、もともと夏季放牧地に住んでいた生産者たちは、1000年以上にわたって家族から家族へと代々継承されてきた伝統的な手法を復活させたいと願っていたため、さらに一歩推し進めた厳しい規定がほしいと、さらなる野望を持ちました。そして誕生したのが「プレシディオ・デル・カステルマーニョ・ディ・アルペッジョ Presidio del Castelmagno di Alpeggio」です。後押ししたのはスローフード協会でした。

　この規定によると、夏季放牧は標高1600m以上で、生乳を使い、搾乳はいまのところ1日2回までの持ち越しを可能としますが、ゆくゆくは1回の搾乳ごとの製造を目指すというものです。熟成は最低4か月、牛の品種も多様ですが、きちんと指定されています。

　このカステルマーニョが本物として認められ、保護されていくということは、山に暮らす人々には大きな喜びでした。今のところ生産者は4名だけで、ラベルもまだ夏季放牧の緑ラベルと同じですが、独自のラベルが登場する日はそう遠くないでしょう。

　新制度がまだ話にも出ていなかった1990年代の10月半ばに、町での会社員生活を捨て、カステルマーニョ村でハイキング客を泊めながら2頭の牛と暮らし、カステルマーニョを作っている父子を訪ねたことがあります。そこでは、当時、とても珍しい伝統的で手間のかかる「幻」の作り方を見せていただきました。乳のたっぷりある夏なら手作り体験もさせてくれるとのこと。熟成庫には予約札

の下がったカステルマーニョがわずかに残っていました。私はそれ以外のものを指差して、うわさの青かびが入っているあたりを試食させていただくと、強い酸味と独特のうまみが口に広がりました。これを指定して購入する愛好家の気持ちが分かる一瞬でした。

　2007年9月に再びカステルマーニョを訪問しました。9月下旬、すでに冬支度をはじめているような寒い日でした。ちょうど牛たちも下山の日で、牛たちより先に山から下りるように促され、見学はゆっくりとはできませんでしたが、アルペッジョのカステルマーニョの熟成に力をいれているオッチェッリさんが契約をしているペッショーネさんのカーヴを見学できてラッキーでした。ここで2か月ほど過ごしたカステルマーニョは、ヴァルカソットのカーヴに運ばれ、最低でも2か月は熟成させられます。

　スローフードのプレシディオが、太い鉄でチーズに孔を開け、青かびが血管のように走って熟成を促したものは、かつて、より高価に取り引きされていたことを思い起こし、旧来のこの技術の導入を検討中だとか。

　'カステルマーニョの中のカステルマーニョ' に日本でも会える日がいつか来るのを、楽しみにしたいと思います。

ヴァルカソットのカーヴに美しく並んだカステルマーニョ

サルデーニャ島で羊飼いによって作り継がれたチーズ
Fiore Sardo
フィオーレ・サルド

産地・指定地区

サルデーニャ州

● 県の全域
● 県の一部

サルデーニャ州全域

外観
栗色に近い濃い黄色。場合によっては黒っぽいこともある。

生地
白、または麦わら色。硬くて脂っぽい。もろい。小さめのチーズアイがある。

風味
ピリッとした辛みがある。
羊乳特有の深みとコク、吟醸酒のような甘い香りが感じられる。

種　別	非加熱、圧搾
原料乳	羊の生の全乳
熟　成	105 日以上
形・重量	高さのない円すい台形の底面同士を2つ合わせたような形 直径 12〜25 ㎝ 高さ 13〜15 ㎝ 重さ 1.5〜4 kg
乳脂肪	最低 40%

DOC 取得 1984 年 11 月 28 日
DOP 取得 1996 年 6 月 12 日

●製法

　ろ過した生乳を銅製の鍋で加熱（春夏は34℃、冬季は36℃）する。子羊、または子山羊のペースト状の凝乳剤を添加し、12〜17分かけてカードを作る。カードは25〜28分で硬くなる。

　これを3分程度の短時間で米粒の大きさにカットして、最低5分間休ませる。カードを引き上げ、上を向いて口の開いた逆円すい台の型に入れて成形し、上下を何度かひっくり返す。その後、温かいホエー、または温水に漬けることによって皮ができる。

　塩水プールに36〜48時間浸す。チーズの表面が塩水プールから浮き上がる場合は、乾塩を上に載せても良い。

　18〜20℃の室温で2週間、毎日2時間ほどフレッシュな木の枝を使って燻製する。その間も何度も上下をひっくり返す。

　その後、3か月間、10〜15℃の室温の所で上下を返しながら熟成させる。湿度は80〜85％が望ましい。この間、オリーヴオイルとワインヴィネガー、食塩を混ぜた液体を表面に塗る。ここまでで105日を要する。

●歴史

　このチーズの誕生は青銅器時代にさかのぼると言われる。サルデーニャでよく知られたチーズの一つであり、「フィオーレ・サルド（＝サルデーニャの花）」という美しい名前がついている。

　これは乳を凝固させるために、アーティチョークの花を使用していたからとか、凝固後、花を彫り刻んだ栗の木でできた容器にそのカードを入れたから、とも言われる。

●食べ方

　若いうちは、テーブルチーズとして、熟成6か月以上のものはおろして。

Fiore Sardo
● ● ●

「サルデーニャの花」と呼ばれる羊乳製チーズ
伝統製法の鍵は「手作業」と「天井を舞う煙」

チーズ作りが見られた山小屋風のアトリエ

「ほらほら」と指差すほうを見たら、羊の大群のご帰還でした

　地中海に浮かぶサルデーニャ島。ここに羊が連れてこられたのは数千年も前だといわれます。人間が羊を飼い、その毛を紡ぎ、カーペットやタペストリーを作る技術を代々受け継いできたのと同じように羊乳のチーズ作りもまた、主に山の羊飼いを中心に伝わり、その名も「サルデーニャの花」と呼ばれ、現代まで作り継がれてきました。

　しかし、21世紀になるとEUの衛生規定は整備され、製造技術は近代化の道をたどります。訪ねたのは、その規定の施行される前年の、2000年の春のこと。この年で最後という山小屋でのフィオーレ・サルド作りを見ることができました。

　朝10時、カヴォイ郊外の山小屋風のアトリエを訪ねると、早速チーズ作りがスタート。作業するのはまるで画家のゴッホのような風貌の男性です。

　使用する凝乳酵素は、子羊の胃を乾燥させ、週1回、ポリタンクの中で抽出しておいたもの。ゴッホさんはその液体をいったんコップに注ぎ、銅鍋で温められた羊乳に移します。まもなくしてカードが出来上がると、ゴッホさんはなんと、自らの手を差し込んでカードを握りつぶしていくではありませんか。

　伝統的というここの作業は、さらに「手動式」が続きます。粉々にしたカードを拾って型に詰めるのも手作業なら、プレスしてホエーを抜くのも自分の手。何度

フィオーレ・サルド

も何度も積み重ねたカードを上から押してはもう1つの型をかぶせ、ひっくり返し、さらに押してホエーを出し…とくりかえすこと1～2時間。この根気のいる仕事のおかげで側面が少し膨らんだ独特の形は出来上がるのです。

　この日見た作業はここまで。本来ならこの後、温水に漬け、塩水のプールに2日漬け、取り出して乾燥させた後、この小屋の天井近くの棚の上に置き、物を煮炊きした煙で何日もいぶすのだそうです。

　と話を聞いていると、直ぐ脇で子豚がジュージューと音を立てながら焼かれはじめ、部屋中が煙とともに美味しそうな匂いに包まれてきました。遠来の客の私たちをサルデーニャ伝統のご馳走でもてなすと同時に、フィオーレ・サルドの伝統的ないぶし方を見せてくれたのです。

　間もなく匂いをかぎつけたのか、オーナーの親戚という人たちが次々に集まり、庭にテーブルを出して宴会が始まってしまいました。チーズ作りの終わった鍋に、知らないおじさんたちが楽しそうにじゃがいもや玉ねぎ、それに羊の肉を入れてコトコトと煮込んでいたのはこのときのスープのためだったのです。他にもご馳走はテーブルに乗り切らないほど並びました。

　青空の下の宴会に酔いしれて、ふと気がつくと、もう夕方の乳搾りの時間です。と、おじさんたちが指差すほうを見ると、羊たちが自主的にどどーっと戻ってきているではありませんか。おかげで羊の乳搾りからチーズ作りのスタートまでがじっくりと見られ、大満足で帰路につくことが出来ました。

手を差し込んでカードカッティング

カットしたカードを手ですくって、型に詰める

型を上下からかぶせてひっくり返すことをくり返すと、あの独特の形になります

塩水プールにつけます

アルプスを背に熟す山のチーズ。イタリア版チーズフォンデュで知られる

Fontina
フォンティーナ

産地・指定地区

ヴァッレ・ダオスタ州

- 県の全域
- 県の一部

ヴァッレ・ダオスタ州全域

外観
初め、淡い栗色をしているが、熟成すると濃い栗色になる。皮は薄くて柔らかく、しっとりとしているが熟成が進むと硬くなる。

生地
弾力性がある。柔らかいが、熟成すると硬くなる。特徴的なチーズアイがある。象牙色から麦わら色へと変わっていく。

風味
口の中で溶ける。甘みがあり、繊細な風味。熟成するとしっかりした味わいが生まれる。

種別	半加熱、圧搾
原料乳	牛の全乳の生乳
牛の種類	アオスタ種（ペッツァータ・ロッサ牛、ペッツァータ・ネーラ牛、ペッツァータ・カスターナ牛）
熟成	最低80日
形・重量	円柱形。表面は平ら。側面は最初はくぼんでいるが、熟成が進むと目立たなくなる。 直径35〜45cm 高さ7〜10cm 重さ7.5〜12kg
乳脂肪	最低45%

DOC取得 1955年10月30日
DOP取得 1996年6月21日

● **製法**

　1回の搾乳ごとに、つまり1日2回製造する。乳は自然に乳酸発酵させる。フォンティーナ DOP 保護協会の責任のもとで培養した土着の乳酸菌なら加えても良い。

　凝固させる前に乳を 36℃以上に加熱してはいけない。

　銅あるいはステンレスの大鍋で、子牛から採った凝乳酵素を加えて乳を凝固させる。凝固は 34〜36℃で少なくとも 40 分間かけて行う。

　その後、スピーノを使ってカードがトウモロコシの粒の大きさになるまでカットする。その後、ホエーの排出を促すために 46〜48℃まで温度を上げてスピーノでかき混ぜ、大鍋を熱源から外すが、さらにかき混ぜる。その所要時間は、責任者が見極める。

　かき混ぜるのをやめ、少し休ませた後（最低でも 10 分間）、カードを引き上げ、布で包み、側面にくぼみのある枠の中に入れ、プレスする。

　最初に上下をひっくり返すときにカゼインで作ったロゴと製造番号を、プレスの終了前にカゼインでできた生産者の番号をはめ込む。

　プレスしている間はホエーを排出させるために何度も上下をひっくり返す。

　プレス終了後 24 時間以内に塩水に漬けてもよい。ただし漬けておく時間は長くても 12 時間まで。

　塩水プールから引き上げると乾かして熟成室に移す。棚に置いたら上に塩をかける。それが溶けたらブラシでこすり、ひっくり返して棚に戻す。これらの作業によって表皮にふさわしい皮が出来上がる。熟成室では、最初のころはこれを毎日行うが、次第に間隔を空けつつ定期的にこすってはひっくり返す、という作業になる。

　熟成は、湿度最低 90%、温度 5〜12℃でなければいけない。熟成は、人工的に温度・湿度管理をしても良いし、自然な洞窟で行っても良い。

● **歴史**

　このチーズについては、すでに 1267 年の書類に書き残されている。

　さらにフォンティーナという名前は、1717 年の、巡礼者のためのグラン・サン・ベルナルド宿泊所の収支帳で見ることができる。

　フォンティーナは何世紀もの間、乳がたくさん入手できるところ、つまりは放牧地で作られていたチーズである。

● **食べ方**

　そのまま食べても良いし、地元の様々な料理に使っても良い。一番知られているのはアオスタ風フォンデュ「フォンドゥータ」であろう。

　また、カナッペに、アンティパストに、ポレンタやニョッキ、クレープ等のプリモに、そしておつまみとしても良い。

　白ワイン、軽めのロゼや赤ワインに良く合うだろう。

Fontina
● ● ●

山と牛と人がもてなしてくれた
初秋のフォンティーナ高地放牧場

ヴァッレ・ダオスタ種の牛には、ロッサ(赤毛)、ネーラ(黒毛)、カスターナ(栗毛)と3種類いますが、どれも小柄ながら足腰は強く、愛嬌もあります。案内してくれたアルピニストのジョリーさんは「ここの牛もアルピニスタ(牛は女性名詞)だ」と認めていました

標高2000m以上のところで行われる高地放牧。午前中の搾乳が終わって、牛たちが放たれるところでした

　北イタリアの、1県で1つの州という小さなエリア限定で作られるチーズでありながら、日本に紹介されて以来、根強く支持されているフォンティーナ。チーズフォンデュのイタリア版が、このチーズで作られると知った人たちが、興味をそそられたのかもしれません。
　1県でなる小さな州の名前はヴァッレ・ダオスタ州。日本語にするとアオスタ渓谷州という意味です。その名のとおり、ここはフランスともスイスとも接している山岳地帯で、チェルヴィーノ(=スイスではマッターホルン)、モンテ・ビアンコ(=フランスではモン・ブラン)、モンテ・ローザ、グランパラディーゾなどの名峰がそびえ立つ特別自治州です。
　隣県の中心地トリノから高速を使って車で約1時間半。
　朝の8時半に着いたアトリエではちょうどフォンティーナの製造が始まっていました。工房は2階にあり、1階はミニ博物館になっていて、昔のチーズ作りの

道具が展示されていました。さらに販売店も併設されていて、地元産チーズ数種類のほかにバター、ラルド、サラミもあって地元の人が次々と訪れていました。

生産現場がそばにあり、作る姿を確認しながら地元のものを買う。地元の人々の支えを強く感じる1こまです。

秋を迎えた高地放牧の地で

訪れたのは、初秋の風が気持ちよい9月。見上げる山の頂上付近は1年中氷が残り、その少し下は岩場、そのさらに下の標高2000~2500m付近で高地放牧は行われています。毎年6月15日から9月下旬まで高地のみずみずしい牧草や花々を食べさせた乳で作るフォンティーナは、フォンティーナ・ダルペッジョと呼ばれ、その美味しさから特別扱いされます。

その現場も、週末には閉じて人も牛も里に下りるという直前に、アグリトゥーリズモ(農家民宿)をしながら放牧し、チーズも作っているというLa Tchavanaを訪れました。新雪のモンテ・ローザを背に牧草地の中にぽつんと建つその中は、1階はきれいに清掃されたアトリエ、地下は熟成庫。その中

この一帯には湧き水が多く、風景にすがすがしさをかもし出してくれます

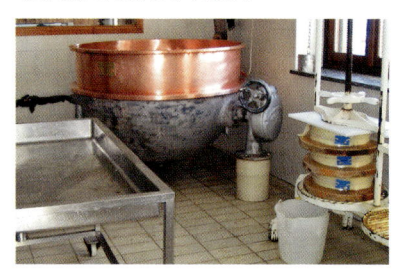

農家民宿でフォンティーナを製造するアトリエ。この頃はそろそろシーズンも終わりで乳量も少なく、1日3個の製造

このひと夏に作りためた農家民宿の熟成庫

牧草地に一軒だけ建つアグリツーリズモ(農家民宿)のLa Tchavana

Fontina

地元の名物料理リコッタ・コン・ブロッサ。貧しかった昔の栄養食。ポレンタにブロッサを混ぜるとコクが出て、濃厚な味わいになります

山の心温まる料理。左が牛肉の煮込み。右がポレンタ

央にこんこんと水が湧き出ている光景は神秘的に見えました。

　アグリトゥーリズモの営業は9月中旬で終了していましたが、この日は私たちのために山の食事を用意してくれました。陽だまりは暖かいものの、すでに冬が近づきつつあることを肌で感じさせるような山の空気。そんな冷えた身体にうれしい山のご馳走です。

　前菜はサラミ、ラルドの盛り合わせとリコッタチーズ。プリモはポレンタ・コン・ブロッサという、ホエーから作られたクリームのようなブロッサをポレンタにかけた郷土料理。メイン料理は年老いた乳牛の肉をよく煮込んで作った牛肉の煮込みでした。そして最後がチーズの盛り合わせ。ここで作られたフォンティーナ・ダルペッジョだけでなく、トーマや山羊乳製のチーズもありました。おまけにドルチェはブルーベリー入りのパンナ(クリーム)。肉も乳も、与えられた食材で手を尽くしたコース料理。そのうえどれもオーガニック。豊かなもてなしに心が温かくなりました。

最大規模の共同熟成庫はトンネルの中

　さて、同州に7つある中でも最大規模というのが標高1148mにあるヴァルペリーネの共同熟成庫です。200年ほど前まで銅の採掘場だったという巨大なトンネルはくねくねと全長2000mもあり、当時はこの中をトロッコが走っていたそうですが、今、熟成庫として使っているのは25mほど。なんとここにも湧き水は

流れ、おかげで湿度は 98%、室温も 8〜11℃に保たれています。

　中には約 6 万個のフォンティーナが眠っていて、1 人 1 日 800 個を磨くというのですから、相当な重労働です。フォンティーナの状態は様々ですが、すべてに手をかけるには最低でも 25 人が必要だとか。けれど、これもいずれ他の工房と同じように機械化されていくかもしれません。

　ここで約 3 か月熟成させた後、フォンティーナが出荷されるには、協会から来た審査官の厳しい検査に合格しなければなりません。たたいて、味見して、合格するのは平均 80%。残り 20% の不合格品には「フォルマッジョ・ヴァルドスターノ FROMAGGIO VALDOSTANO」というスタンプが押され、フォンティーナとしては流通させません。一方、合格したものには「CFT」というスタンプが押されます。これはフォンティーナ保護協会 CONSORZIO TUTELA FONTINA の略。その下の数字は 1〜500 までならアルペッジョ ALPEGGIO、これより大きな数字ならふもとで作られたもの、という意味です。

　話題のイタリア版チーズフォンデュの「フォンドゥータ」は牛乳、卵、バターを使って仕上げます。また、硬くなったパンで作るパンがゆに加えたり、ポレンタに混ぜても味わいが豊かになります。アルペッジョなら、ぜひ、そのままの甘みを堪能してみてください。

　壮観な渓谷一帯を思い浮かべながら楽しむのにおすすめの、優しい味のチーズです。

フォンティーナを磨く作業。1 日 1 人 800 個とは重労働

アルプスの山羊たちの乳から作る小型のセミハード

Formaggella del Luinese

フォルマジェッラ・デル・ルイネーゼ

産地・指定地区

○ 県の全域
○ 県の一部

ロンバルディア州ヴァレーゼ県の一部。ヴァレーゼのプレアルプスと呼ばれる地域

種 別	非加熱
原料乳	山羊の生乳、全乳。7～8か月放牧すること。
山羊の種類	カモシャータ・デッレ・アルピ、ネーラ・ディ・ヴェルザースカ、サーネン、それらの雑種等アルプスの特有の山羊
熟 成	最低20日
形・重量	円柱形。平らな表面 直径13～15 cm 高さ4～6 cm 重さ700～900g
乳脂肪	最低41%

外観
自然な皮。柔らかい。かびがある場合もある。

生地
柔らかく、身は締まっている。小さなチーズアイがあることもある。弾力性に富む。水分を多く含み、溶けやすい。均一的な白さ。

風味
甘みがあって繊細な風味。魅力的。熟成が進むと、味わいが強くなる。

DOP取得 2011年4月11日

●製法

100%山羊の生乳に、前日の乳清あるいは好熱乳酸菌を加えた（中温性細菌を少し加えることも可能）ホエーと、自然の凝乳剤(牛由来)を添加する。

乳は4℃以下で最高30時間まで保存したものまで使用して良い。

加熱には木、ガス、蒸気などを使い、32〜34℃まで温めると30〜40分で凝固する。少し硬めになったら、カードを米粒からトウモロコシの粒程度の大きさにまでカット。その後（外気温が低い場合には38℃まで温度を上げ）15分間ほどかき混ぜ、そのまま15分寝かせる。

カードを直径14cmの型に入れる。

そのまま室温で最長48時間置き、水切りをする。ただし、その間に2〜5回、反転させる。

加塩は、直接塩をかけるか、あるいは塩水に浸し、その後常温で乾かす。

湿度85〜95%、気温最高15℃で管理されたセラー、あるいは自然な湿度・温度のところで最低20日間熟成させる。

ステンレスや食材用プラスティックの代わりに、銅の鍋、布、木の板も使っても良い。ただし、グリル(網)は使用禁止。

●歴史

雨の多いプレアルプスという土地柄から、マッジョーレ湖の影響や酸性の土壌のせいで、この地域には独特の植物相があり、その植物を食べた山羊の乳から作られたチーズには独特の風味が存在する。

このチーズは、物々交換のためにも使われていた価値のあるチーズで、17世紀にはすでに書物の中にこの名前が記されている。また、大司教カルロ・ボッロメーオに捧げられたチーズとしても知られている。

第二次世界大戦後、人々が都会に流出し、一時は廃れそうになったものの、1970年以降、見事に蘇った。

●食べ方

テーブルチーズとしてそのまま、または洋梨と一緒に。あるいは、リゾットにして。

Formaggella del Luinese

アルプス沿いの山羊乳製ハードチーズは予約完売の人気者

伝統的な手搾りの風景も見せていただくことができました

急勾配の斜面に石造りの家が密集していました

　スイス国境がすぐそこに見える山間地で作られる山羊乳製チーズがDOPを取ったのは2011年とまだ最近です。訪れたのはその約2年前のことでした。

　ロンバルディア州の中でもこのチーズを製造しているのは、スイスと国境を接している小さな県ヴァレーゼ県の、さらに一地域のみ。そんな小規模な存在ながらもこの伝統を守ろうとDOP申請の中心となったのが「フロマジェッラ・デル・ルイネーゼ」を製造しているアルビーノ・ガッタ氏です。

　彼が住む集落ヴァレーゼ県のクリリア・コン・モンテヴィアスコは、細く上っていく石畳の坂の縁に石造りの家が重なるように建っていて、ここでどうやって暮らしているのだろうと不思議になるような光景でした。

　まるで芸術家のような風貌のアルビーノ氏は、ここで完全放牧で30頭の山羊を飼い、朝夕2回、チーズを製造していました。この小さな村には15軒の生産者がいますが、それぞれの農家で作られたチーズは、当時、まだDOPになっているわけでもないのに、予約でほぼ完売となるほどの人気なのだそうです。ちなみにアルビーノさんのチーズもすでに予約完売。「常連?」とたずねたら「知り合いばかり60人のお客様」と返事が返ってきました。

　それでも遠方から訪ねてきた私たちのために、この日は特別にフレッシュ物と

フォルマジェッラ・デル・ルイネーゼ

背中の中央が一本、帯のように黒い地元山羊のカモシャータ・デッレ・アルビ種

製造中から予約完売となる人気ぶり。熟成室にはわずかなチーズしかありませんでした

熟成物を試食のために準備してくれていました。

　試食後、山羊を迎えに彼と一緒に山へ向かおうとしたら、山羊たちも時間を心得ていて、どんどん降りてきました。彼が飼っている山羊は「カモシャータ・デッレ・アルピ」と呼ばれるアルプス特有の地元品種だそうです。

　熟成庫には残りわずかなチーズしかありませんでしたが、無理を言って2個ほど分けていただきました。

　それから2年後の2011年、やっと申請が通ったと吉報が届いたときは、2006年の暫定認証から5年も待ったアルビーノ氏の笑顔が目の前に浮かぶようでした。

穴の管理を徹底し、3か月の封印で熟成を待つ
Formaggio di Fossa di Sogliano
フォルマッジョ・ディ・フォッサ・ディ・ソリアーノ

産地・指定地区

エミリア・ロマーニャ州のフォルリ＝チェゼーナ、リミニ、ラヴェンナ各県の全域とボローニャ県の一部。マルケ州のペーザロ・エ・ウルビーノ、アンコーナ、マチェラータ、アスコリ・ピチェーノ各県の全域

種　　別	非加熱、圧搾、穴にて熟成
原 料 乳	羊の全乳、牛の全乳、ミックスタイプ（最高80%の牛の全乳＋最低20%の羊の全乳）生乳または殺菌乳
熟　　成	最低60日、最高240日
形・重量	丸みやくぼみがある、不定形。重さ500g〜1900g
乳 脂 肪	最低32%

外観
象牙色から琥珀色のものまで様々。表面に黄色、または黄土色のひび割れが入っているのが特徴。

生地
硬くて崩れやすい。麦わら色、あるいは琥珀がかった白。

風味
はっきりした香り。森の下草のような香りにカビ、あるいはトリュフの香りが混ざる。羊の乳を使用した場合はアロマがあり、魅力的で若干辛みも感じる。
牛の乳の場合はデリケートで酸味があり、少し苦みを感じる。
牛と羊をミックスした乳の場合は、バランスがとれていて、最後に苦みが残る。

DOP取得 2009年11月30日

●製法
〈チーズの製法〉

2回の搾乳から得た乳を 30 ～ 38℃に加熱し、自然の凝乳酵素を加えると 7 ～ 20 分でカードが完成する。カードを破砕し、ホエーが出るのを待ち、その後プレスする。

乾燥した塩をかけるか、塩水に浸す。この時点で高さが 6 ～ 10cm、直径が 12 ～ 20cm、重量が 600 ～ 2000g である。

その後、室温が 6 ～ 14℃、湿度が 75 ～ 92％の衛生的な場所で最低 60 日、最高 240 日間熟成しなければならない。熟成が終了した時点では表面は乾いて、かつ脂っぽい状態でホエーを含んでいてはいけない。

このチーズを生成りの布の袋に入れ、天然素材のひもで縛り、清潔でかびが生えていない穴に入れる。チーズの生産者、穴の所有者はわかるようコード番号が明記される。

〈穴と熟成について〉

チーズを入れる穴にもいくつかの決まりごとがある。

たとえば、使用する前には換気し、少量の麦わらで火を起こして火と煙で消毒する、穴の底には自然木の台を置く、穴の壁面は麦わらで覆う、チーズを入れたら木製のふたをして上に砂か石を載せる、などである。

穴での熟成期間は最低 80 日、最高 100 日で、熟成期間中にふたを開けてはいけない。

また熟成後にふたを開けるときの手順、道具、作業員の服装なども決められ、衛生管理は徹底して進められている。

独特のチーズの風味を保証するため、同1年に 2 回まで（期間は春夏と夏秋のみ）しか穴での熟成はできない。

●歴史

穴での熟成という伝統は中世に始まったもので、ルビコン渓谷、マレッキア渓谷、エーズィノ川、要はロマーニャ州、マルケ州にまたがった地域の農民たちの間に定着した。その目的は、1 つはチーズの保存のため、と同時に土地を占領しようとした他民族や軍隊の襲撃からチーズを守るためでもあった。

穴、そして穴入れに関わる最初の資料は、地主であったマラテスタ家が所有する 14 世紀のものである。1350 年からマラテスタ一族は、城壁の内側、陣地や要塞の中、地主農園の中に、Compagnia dell`Abbondanza という組織を設立した。穴は、万が一の略奪や伝染病、食糧不足に備え、穀類や食品を収納・保存するために、隠すために、さらにチーズを熟成するために使われていた。そして何世紀もの間、この決まりはマラテスタ一族が決めた通りに忠実に守り続けられてきた。

〈フォッサ販売の決まりごと〉

Formaggio di Fossa di Sogliano DOP は商品の特徴を保護するために、下記の梱包様式でのみ、販売が可能である。
A）熟成の袋に入れた状態のまま
B）丸ごと、あるいはカットして真空状態のもの
C）丸ごと、あるいはカットし、ラップをかけた容器入り
D）丸ごと、あるいはカットし、食品に適するペーパーで包んだ状態

Formaggio di Fossa di Sogliano
●●●
チーズの掘り出しに立ち会う旅
穴熟成は高貴な風味

11月下旬、歴史ある街は珍しく早い雪に包まれていました

　「穴から掘り出すチーズがある」。この話を初めて聞いた人は一様に驚き、「穴は何のため？」「誰が埋めるの？」と質問が始まります。私も初めて聞いたときから興味津々。名前でもフォッサ（＝穴）と名乗るほど、穴に埋めて熟成させることで特徴が生まれるチーズを1998年に訪問。当日は11月には珍しく、雪に見舞われてしまいました。
　私たちを案内してくれたのは、トスカーナ地方で農場やチーズ工場を共同経営しているイル・フォルテート社のステファノ。彼と一緒にフェルミエも預けているチーズが掘り出されるというので同行したのです。
　街の名前はソリアーノ・アル・ルビコーネ。アペニン山脈からアドリア海に下る途中にある人口数百人程度の小さな田舎町で、近くには小さな独立国サン・マリノ共和国もあります。またここは、重大な決断をすることをイタリア人がよく

フォルマッジョ・ディ・フォッサ・ディ・ソリアーノ

「ルビコン川を渡る」といいますが、そのルビコン川の水源があるところでもあります。古代ローマ時代、ユリウス・カサエルが大軍を引き連れて「賽は投げられた」と叫び渡ったという故事に出てくるのがこの川なのです。

近郊では羊乳製チーズがたくさん作られていましたが、この町には羊もいなければチーズ農家もありません。つまり「チーズを穴に預かるだけの街」なのです。言い伝えによると、15世紀の終わり、シャルル8世がフランスから進行してきた頃、彼らの侵入や略奪からチーズを守ろうと家の地下に隠したのが始まりなのだそうです。

2009年にDOPチーズとなった「穴熟成チーズ」たちの経歴を見ると、どれも同様の成り立ちです。食料を必死に守る人々の知恵が、この一帯の共通の文化として定着していたのでしょう。

掘り終わった穴はしっかりセメントで封印。次の熟成シーズンまで休ませることも大切なのです

室内の床に開けてある穴を見学。ここのうちはすでに掘り終わっていました

私が訪ねたソリアーノ・アル・ルビコーネは、チーズは8月15日に穴埋めして、11月25日までには掘り出しが完了していなければならない、といわれていました。イタリア国内でも人気が高まり、穴預けの量はうなぎのぼりに増えているときでしたから、この年は25日の一週間も前から掘り出す作業が始まったとか。掘り出し作業は穴のオーナーの仕事とされているので、その間、オーナーは本業を休んででもこの仕事にかからねばなりません。

ではなぜ、8月15日に埋めるのか。ひとつには、羊乳製チーズが作られる旬が冬の終わりから春。それがしっかり熟成して硬くなった頃が8月なので、それからなら穴の中に重ねて入れても崩れにくいという合理的な説明も考えられます。しかし、他の町では春から入れるところもあるので、街ごとにさまざまな決め事があるのかもしれません。

Formaggio di Fossa di Sogliano

いよいよ掘り出し作業の見学

　この街には、チーズを預かる家は3軒、穴は合計で10個ありました。私たちが預けている1軒に行くと、部屋はこぎれいなのに、なんという匂いでしょう。わら独特のにおいとチーズのにおいが交じり合い、複雑な匂いとなって立ち込めているのです。

　部屋の床に開けられた穴の中では掘り出し作業の真っ只中。穴の中はチーズの水分と油分でギトギト、どろどろしています。中に入ってチーズを引き上げている人は衣服だけでなくメガネにまでギトギトがついています。

　外には2人が待ち構え、計3人がかりでリフトを操ります。1個1.5～2kgのチーズが5～6個ずつ袋に入っていて、全部で2000個以上のチーズを引き上げるというのですから、聞いただけでもたいへんな重労働です。

　写真を撮ろうと穴をのぞき込んでいたら
「すべるから気をつけて。匂いがつくと取れないよ」
とステファノが声をかけてくれます。

　穴は入り口の直径が80cm、中に入ると幅2m、深さ3mのフラスコ形。約4tのチーズが保管できるといいます。穴の大きさは家によってまちまちですが、これがだいたい標準サイズ。ここにステファノが4年前に試しに70kg預けたのが、この年には400kgに増え、翌年はもっと増やす予定だと話していました。

　預けるのは羊乳製チーズ。預けるときの熟成度合いは預け主の考え方次第です。熟成の若いものだと、風味はなじみやすいものの

ギトギトと戦うチーズの掘り出し

次々と掘り出し、積み上げられていくチーズ

地上からリフトでチーズを持ち上げる

フォルマッジョ・ディ・フォッサ・ディ・ソリアーノ

　ホエーがたくさん出るので目減り率が高いですし、ある程度硬く熟成したものはチーズそのものの風味ができた上に穴の熟成味が加わるので、いっそう美味しくはなりますが、割れる危険率が高い。どちらにしても、一度穴に入れて封印したら途中で受けることは許されないので、相当な覚悟が必要です。それでも私はいつも後者にかけています。
　掘り出されたびしょぬれのチーズをきれいに拭いて、いよいよお味見です。
　「うわあ、おいしい。あの部屋の匂いからは想像もつかなかった」
と同行者と目を合わせます。
　まるでパフュームでも振りかけたのではないかと思うほど高貴な風味が口の中に広がり、香ばしさも旨みも凝縮されて感じられるのです。賭けは大成功でした。
　掘り出し作業をしていると、一般の人が買いに来ます。ほかの２軒もそうですが、外から預かったチーズだけでなく、オーナー自身が買い付けて穴に入れておいたものを販売しているのです。
　私も他家の穴で熟成されたものを１個購入。味は家（穴）によっても、その年の天候によっても違う仕上がりになるので全容をつかむのは難しいですが、2009年にDOPになり、ＥＵでもますます注目を浴びています。
　イル・フォルテート社は今もあの時と同じ、ソリアーノ・アル・ルビコーネの穴に預けていますが、チーズの作られている場所がトスカーナであるために、残念なことにDOPを名乗れません。そのため私たちは「カチョ・ディ・フォッサ」という名前で紹介していますが、これがイタリアから届くのがクリスマスシーズンの始まりの頃。穴から届く味を冬の定番として楽しみにしています。

ソリアーノ・アル・ルビコーネの街

今日の日を待っていた一般客が、ぽつぽつと買いにきます

牛乳だけで作る山作りのチーズ。薄い塩味で独特のアロマ

Formai de Mut
フォルマイ・デ・ムット

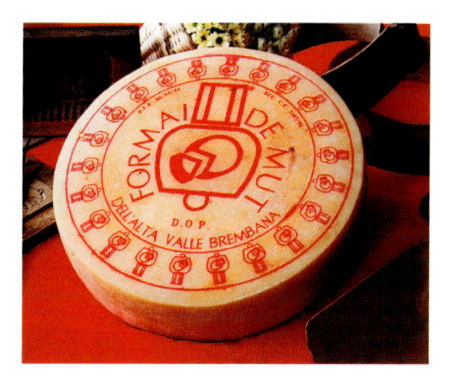

産地・指定地区

ロンバルディア州ベルガモ県の一部

- 県の全域
- 県の一部

外観
外皮は薄い。麦わら色。熟成すると灰色を帯びてくる。

生地
しっかりした生地で弾力性がある。直径 1mmからウズラの目のほどの大きさのチーズアイがある。

風味
デリケートで芳しい。薄めの塩味。特徴的なアロマがある。

種　　別　半加熱。圧搾

原 料 乳　牛の全乳

熟　　成　最低 45 日

形・重量　円柱形。上下面は平らで側面はまっすぐか、やや膨らみがある。
　　　　　直径 30 〜 40 cm
　　　　　高さ 8 〜 10 cm
　　　　　重さ 8 〜 12 kg
　　　　　10%の誤差が認められている。

乳 脂 肪　最低 45%

※アルペッジョで製造されたもののみブルーのスタンプをつけることができる。ブレンバーナ渓谷では今でもアルペッジョが盛んに行われている。フォルマイ・ディ・ムット・デッラ・アルタ・ヴァレ・ブレンバーナ (Formai de Mut della Alta Valle Brembana) と呼ばれることも多い。

DOC 取得 1985 年 9 月 10 日
DOP 取得 1996 年 6 月 12 日

●製法

乳は 35 〜 37℃に温め、凝乳酵素を加え、30 分かけて凝固させる。カードをカットした後、45 〜 47℃まで加熱して火を止め、撹拌する。

カードを取り出して型に移し、ホエーを排出させるためにプレスする。塩は直接かけるか、塩水に浸す方法のどちらでも良い。この作業は 8 〜 12 日かけて行うが、その作業は 1 日おきに行う。

その後最低 45 日間、熟成させる。

●歴史

何世紀も前から作られていたと言われるが、このチーズが重要な存在になったのは第 2 次世界大戦の後からである。

ムットという名前はこの地方の方言で、山、つまりアルペッジョを指している。60 〜 100 日間、標高 1200 〜 2500m の所に放牧された牛の乳で作られるチーズである。

●食べ方

テーブルチーズとして食べるのが最適。料理に使うなら、地元の伝統料理、ポレンタの材料として最適である。

熟成が若いものは白ワインと、熟成したものは赤ワインとよく合う。

夏に作られたムットには青いスタンプがついています

Formai de Mut

● ● ●

熟成若めの山チーズは、優しいミルクの味がした

　山のチーズには「長く熟成させるものだから、大きくて、硬くて、アミノ酸の結晶があって」というイメージがあると思います。ところが、熟成はそれほど長くなく、なのに驚異的な価格のつくチーズもあるのです。ムットです。

　このチーズを訪ねたのは21世紀を迎える直前のころでした。

　生産指定地区はベルガモ県の北部、ブレンバーナ渓谷一帯の21の村落です。美味しい水の産地として有名なサンペリグーノから曲がりくねった道を標高1000m辺りまで2時間ほど走り、そこからは傾斜のきつい道をひたすら登っていきました。やっと着いた山の製造所ではありましたが、山のチーズの旬の8月のこと、すでに牛たちはアルペッジョでさらなる高地にお出かけ中。協同組合の工房はチーズが少なく、がらんとしていましたが、試食でいただいた熟成中のムットは若いゆえにか優しいミルクのうま味があり、山の空気もあいまってとても美味しかったことが忘れられません。

　後年、イタリアでこのチーズを愛してやまない人に出会いました。山が大好きで、アルペッジョのチーズを専門に扱うベルガモのチーズ店「オル・フロマジェ」のご主人、ジュリオ・シニョレッリさんです。出会いはブラのチーズ祭りで聞いた彼のセミナー。彼は子どもたちに草の匂いをかがせ、牛の乾燥糞に触らせなが

傾斜きつい斜面には、それでも点々と住居があり、静かな山暮らしを想像させてくれました

フォルマイ・デ・ムット

協会の会長デメリオ氏に案内していただきました。「今は、この辺りはシーズンオフなので、このくらいしか熟成していないんだ」

試食を勧めてくれたシニョレッリさん。息子2人が跡を継ぐことが決まり、店を新しくし、これからはもっと山に没頭できると嬉しそうでした

らこの土地ならではのチーズについて話をするのです。すっかり魅了されてしまいました。

以来、特別なアルペッジョのチーズを紹介してもらったり、現場に案内してもらったりする親交を重ね、2014年には5年ぶりに店を訪ねました。店のチーズは40種類ほど。もちろん人気のモッツァレッラやパルミジャーノはありますが、大半は地元のチーズです。

シニョレッリさんは、「ムットは山から下りてくるまで、もう少しかかる。代わりにとても香りのいいブランズィがあるんだけど、食べてみないか」と試食を勧めてくれました。実はこのブランズィこそ、フォルマイ・ディ・ムットの原形。地元の人たちは昔からこのブランズィを食べてきて、その中から選び抜いたレシピをDOPにムットという名前で登録したのです。生産量は少なくとも、その味の良さからトレッキング客たちの評判を高く買いました。このチーズがいま、高級扱いされる理由はそんなところにあるのでしょう。

いただいたブランズィは、ムチムチとしていて穏やかな風味でおいしいこと。しかし、この熟成の若さでこれほどの味わいが楽しめるのは、ムット同様、現地に住む人の特権だなあと、つくづくうらやましく思いながら帰路につきました。

青かびの種類が風味を決定付ける。甘みのドルチェと辛味のピカンテ

Gorgonzola
ゴルゴンゾーラ

産地・指定地区

県の全域
県の一部

ピエモンテ州のビエッラ、クーネオ、ノヴァーラ、ヴェルバーノ・クーズィオ・オッソラ、ヴェルチェッリ各県の全域と、アレッサンドリア県の一部、ロンバルディア州のベルガモ、ブレーシア、コモ、クレモナ、レッコ、ローディ、ミラノ、モンツァ・エ・デッラ・ブリアンツァ、パヴィア、ヴァレーゼ各県の全域

種　　別　非加熱、ブルー

原 料 乳　牛の全乳、殺菌乳

熟　　成　最低50日

形・重量　円柱形。上下、側面とも平ら。
　　　　　直径20〜32cm
　　　　　高さ最低13cm
　　　　　重さ6〜13kg

乳 脂 肪　最低48%

外観
外皮はざらっとして、グレー、または赤茶けたグレー

生地
均一でムラがなく、白から薄い麦わら色。青または緑がかったかび（エルボリナトゥーラ）が筋模様で混ざっている。

風味
一般にドルチェとして知られる10〜13kgのGrandeは、最低50日の熟成を経て、芳醇な甘みの中に、少しピリッとした辛さがある。
一方、はっきりした味わいにピリッとした辛さがあるのがピカンテ。ドルチェより青かびが多く、生地は硬めでもろい。概して小ぶりで、9〜12kgのMediaは最低80日の熟成、6〜8kgのPiccolaは最低60日の熟成をしなければならない。

DOC取得 1955年10月30日
DOP取得 1996年6月12日

● 製法

※ドルチェとピカンテでは、青かびや凝乳酵素の種類が違うが、ここでは共通する全体の流れを示す。

殺菌した28〜36℃の全乳に、乳酸菌と青かび（ペニシリウム・ロックフォルティ）、子牛から採った凝乳酵素を加える。

固まったカードはクルミ大にカットし、ホエーが少し出るのを待ってから一つの型に約14〜15kgずつ入れる。

ホエーを排出させるために何度も上下をひっくり返し、ゴルゴンゾーラ協会のマークを入れる。

温度が18〜24℃、湿度が90〜95%のところに置き、熟練者の手によって塩を表面と側面にまぶす。3、4日後に熟成に入る。熟成中にゴルゴンゾーラ特有のエルボリナトゥーラと呼ばれる青、あるいは緑がかった色になる青かびが増殖する。

熟成は温度が2〜7℃、湿度が85〜99%のところで少なくとも50日間行わなければならない。

3、4週間目に、金属の太い針で表面と側面に穴を開ける。これは最初に植え付けた青かびの増殖を促すためである。この後、型崩れを防ぐために使用していたあて木を外し、アルミ箔で包む。これは、水分の蒸発や表面に割れ目が入るのを防ぎ、また素晴らしい香りや味わいを損なわないために役立つ。

丸のまま、あるいは半分にカットされ、「g」のマークが型押しされたアルミ箔に包まれ出荷される。

ピリッとしたピカンテは、熟成期間がドルチェタイプより長い。昔はこのタイプが好まれていたが、今では Gorgonzola del nonno（おじいちゃんのゴルゴンゾーラ）あるいは Antico（アンティック）と呼ばれ、その生産量は限られている。

嗜好家や伝統の味を求め続ける人々は、フランスのロックフォールやイギリスのスティルトンに匹敵すると称賛する。

● 歴史

ミラノ近郊のゴルゴンゾーラ村で879年に初めて作られたと言われる。この村は当時、山での夏の放牧を終え、平野に下りる放牧人たちが必ず立ち寄る地域であった。

実際は、このチーズが作り始められたのはもっと昔のことと言われ、当時は"ゴルゴンゾーラ村のストゥラッキーノ"と呼ばれていた。

このストゥラッキーノとはスタンコ（疲れた）という意味で、放牧人も牛も下山途中で疲れていた、ということを表している。

● 食べ方

テーブルチーズとして。

または、その独特の風味を生かし、アンティパストから、プリモ、セコンド、デザートまで様々な料理の材料として使える。ソースやクリームの材料としても欠かせない。

ドルチェタイプは、まろやかな白・赤ワインと。ピカンテタイプは、フルボディの赤ワインが合う。

Gorgonzola
●●●

ドルチェとピカンテ、どちらがお好み？
外見では分からないゴルゴンゾーラの世界

　ゴルゴンゾーラは通常、ドルチェとピカンテの2タイプに分かれますが、圧倒的に人気なのは青かびが少なく甘みの感じられるドルチェ。ゴルゴンゾーラ協会が発表している数字を見ても、生産量の91％がドルチェですから、日本の当社フェルミエが7割ピカンテというのは、どうも世の中の流れから外れているようです。

　ところでゴルゴンゾーラ人気はいったいいつからなのでしょう。協会のホームページをチェックしたら、1930年のゴルゴンゾーラの生産量が26,000ｔ（1つ12ｋｇで個数に計算すると約216万個）。当時のイタリア全体のチーズ生産量が200,000ｔなので、ゴルゴンゾーラは13.5％を占めていたということになります。当時こそグラナ、パルミジャーノ、ペコリーノが主流と思いこんでいましたが、ゴルゴンゾーラも古くから輸出され、人気があったのです。

　さらに2012年のデータをみると生産量は417万個。80余年の間に市場を世界に広げ、生産量も2倍に成長していることがわかりました。

　日本でも、ゴルゴンゾーラの成長は顕著です。輸入量の伸びはイタリアDOPチーズのなかでもダントツの1位ですし、市場ではパスタやリゾット、またケーキにまで使われるほどの人気ぶり。私がチーズビジネスを始めた頃は、ブルーチーズは敬遠されていましたし、食べるとしても圧倒的に男性が多かったことを思うと、ここ10数年の間にイタリアンレストランと若い女性がずいぶん世の中の流れを変えたということでしょう。

　生産者の事情も刻々と変わっています。もともと山間部のゴルゴンゾーラ村で晩秋に作られていたものが、1870年ごろから海外輸出が始まると通年生産になりました。工場もロンバルディア州から隣のピエモンテ州にまで広がり、1970年にはノヴァーラ県にゴルゴンゾーラ協会ができたのを機に、広大な平野部に大型熟成庫ができました。さらに1990年代には70あったメーカーも、21世紀になると40になり、現在はそのうちの10社が生産量の90％を生産しているのです。

アローナに熟成室を構えるグッファンティ社のピカンテ

　ゴルゴンゾーラ見学は過去に何度かしています。作り手によって異なる味わいを知るほどに、フランスのロックフォールのようにいくつかのブランドを扱うことができたらよいのにと思うのですが、なかなか思うようにはいきません。

　現在フェルミエで扱っているのは、グッファンティ社のゴルゴンゾーラ。高級ブランドなので日本でもすっかりと有名です。マッジョーレ湖の湖畔のアローナに会社を構える同社社長のカルロ・フィオーリさんはドイツ語、英語を話す教養人で、イタリアのチーズを世界に向けて発信した最初の人といわれます。

　グッファンティのチーズに出会ったのは1990年代の初めの頃でした。2000年に彼の工房を訪ね、3日間びっしりと熟成のレクチャーも受けました。イタリアにしては珍しく多くの種類を熟成させている同社のカーヴの中でも、彼がもっとも力をいれているのがゴルゴンゾーラです。1年も熟成させたピカンテのかびの入り方はびっしりと見事で、通を唸らせます。

　ブラ祭りではゴルゴンゾーラを扱う会社もいくつか出展していて、その中には気になるところもありました。けれど、ピカンテに関して言えば、グッファンティ社のゴルゴンゾーラと比べればどれもマイルドなのです。

フォンデュゾーラのブームを狙って、協会が作った鍋

カルロ・フィオーリさんと息子のジョヴァンニ

ゴルゴンゾーラのリゾット

Gorgonzola

中規模の工場で「ドルチェ」の製造を見学

　2014年の9月、家族経営で年間24万個を生産するジェルミニ社を訪ねました。
　この日は9時過ぎにはリナーテ空港を出発したものの、渋滞に巻き込まれて到着が11時前。出迎えてくれた4代目のマルコ・ジェルミニが、午前中の作業が終わらないうちにと、急いで工房へ案内してくれました。
　というのも工場のスタートは朝4時。前日に集荷して4℃で保管してあった牛乳を72℃で1分殺菌するところから始まります。ステンレス製の楕円形のキューブ6基にそれぞれ3,200ℓの牛乳があり、この温度を30～35℃まで下げたらスターター、レンネット、ブルーの元のペニシリウム・ロックフォルティを入れてカードを作ります。
　大きくカットしたカードは、布を敷いたバットに半量ずつポンプで流し入れ、少しホエーが抜けたところで、平らな銅製のお椀を使って型に入れられます。1つのバットから16個のゴルゴンゾーラができる計算になりますが、型に入れた段階ではまだたっぷり水分を含んでいるので1個17～18Kgほど。ここから自然の重みでゆっくりと沈んできたら、型の上の部分を外して反転。工場番号を乗せてしっかりと刻印します。
　型から出した後の塩づけ作業は機械化され、型崩れ防止のスノコは昔は経木でしたが今はプラスティックです。
　3日ほどかけてホエーを抜いたら、低い温度（4℃、湿度99％）の熟成庫に移し

3,200ℓ入りのキューブ。凝固したカードを大きくカットします

バットから、大きな銅のお椀で、背の高い型に入れていきます

ゴルゴンゾーラ

カードが沈んだら、型の上の部分をとり、このあと自然に沈んでいくのを待ちます

プラスティック製のプレートで工場番号を刻印します

塩をしたのち、プラスティックのスノコを巻いて固定

　ます。20日後に針で穴をあけ、外皮は定期的に塩水で磨き、デリケートな表皮をつくっていきます。「ここは寒すぎるから、穴あけの作業は15℃の部屋で行っているんだよ」とマルコはこっそり教えてくれました。青かびが育つと組織はクリーミーに変化。柔らかくなってふたたび崩れやすくなるため、製造60日後に再びスノコを巻いて出荷を待つのだそうです。

　最後に、ドルチェとピカンテ、どっちが好きですかとマルコに尋ねると「ドルチェはパニーニに野菜と一緒にたっぷりと挟んで食べるのがいいし、ピカンテならハチミツを添えてワインと一緒にゆっくりと食べたくなる。同じゴルゴンゾーラという名前でも性格が違うし、どっちも好きだよ」と答えてくれました。

　外見だけでは判断できないゴルゴンゾーラの世界。伝統を守りながらも消費者の嗜好に合わせて味も少しずつ変遷しているようです。

4代目のマルコ・ジェルミニ

1/2にカットして、かびの状態をチェックして出荷（左が青かびが少ないドルチェ、右がピカンテ）します。ジェルミニ社ではかびは控えめで味わいは豊かなゴルゴンゾーラを目指していました

85

パルミジャーノによく似た風貌。親しみやすさでダントツ人気

Grana Padano
グラナ・パダーノ

産地・指定地区

トレンティーノ＝アルト・アディジェ州
ロンバルディア州
ヴェネト州
ピエモンテ州
エミリア・ロマーニャ州

● 県の全域
● 県の一部

種　別	加熱、圧搾
原料乳	牛乳の一部脱脂した生乳
熟　成	最低9か月
形・重量	太鼓形。上下面は平ら、側面は凸型あるいはまっすぐ。 直径 35 〜 45 ㎝ 高さ 18 〜 25 ㎝ 重さ 24 〜 40 kg
乳脂肪	最低32%

ピエモンテ州の全域、ロンバルディア州ソンドリオ、ヴァレーゼ、コモ、レッコ、ベルガモ、ミラノ、ブレーシア、パヴィア、ローディ、クレモナ、モンツァ・エ・デッラ・ブリアンツァ各県の全域とマントヴァ県の一部（ポー川左側）、トゥレンティーノ＝アルト・アディジェ州トレント県全域とボルツァーノ県の一部、ヴェネト州パドヴァ、ロヴィーゴ、トレヴィーゾ、ヴェネツィア、ヴェローナ、ヴィチェンツァ各県の全域、エミリア・ロマーニャ州フェッラーラ、フォルリ・チェゼーナ、ピアチェンツァ、ラヴェンナ、リミニ各県の全域とボローニャ県の一部（レノ川右側）

外観
硬くて滑らかな皮。色は黄金色、または濃い黄色。皮の厚みは 4〜8mm。上下面から脂肪分がにじみ出ていることもある。

生地
白、または麦わら色で、硬く細かい粒状になっており、見えないくらいの大きさのチーズアイがある。

風味
魅力的な香りとデリケートな味わい。

DOC 取得 1955 年 10 月 30 日
DOP 取得 1996 年 6 月 12 日

● 製法

生乳輸送は 8℃以下で行う。

1 回または 2 回分の搾乳の乳を、8～20℃の環境下で脱脂してから使用する。2 回の搾乳の場合は 1 回分だけ、あるいは 2 回分とも脱脂しても良い。

大鍋の中での乳脂肪とカゼインの割合は 0.8～1.05、トゥレンティングラナの場合は、最高で 1.15 でなければならない。また、作業が始まるまでの過程で、生乳が持つ自然の特性を変えるような物理的、機械的、温度的な作業をしてはならない。

乳は、鐘を逆さまにした形の銅製、あるいは内側を銅メッキした大鍋に入れる。

保存剤のリゾチームは、乳 100kg に最高で 2.5g まで添加して良いが、トゥレンティングラナには認められていない。この時点で、偽造を防ぐために大鍋にグラナ・パダーノ DOP 協会が供給する追跡調査のためのトレーサーを加えなければならない。これは、グラナ・パダーノに使われる乳に自然に存在する微生物で、グラナ・パダーノ以外の生産者がこれを使わないように定期的に変える（トゥレンティングラナには必要ない）。

シエロ・インネスト※を加えた乳に子牛の凝乳酵素を使い、凝乳させる。

固まったカードは小さい米粒大にまでカットし、撹拌しながら最高 56℃まで温度を上げ、その後鍋の中に沈めて最長で 70 分間、休ませる。布で引き上げてパルミジャーノ・レッジャーノと同様に型に入れ、その後ステンレスの型に入れて商標の刻印をし、最低 48 時間置いた後、塩水に 14～30 日間漬ける。

熟成は、15～22℃の部屋で最低 9 か月間、行う。8 か月たった時点で鑑定人がチェックし、合格したらその証として焼印を押す。もし、合格しなければチーズの側面に刻み込まれている商標を消す。

良い熟成状態のものでも、9 か月たつまではグラナ・パダーノ DOP の呼称で売買したり、産地指定地の外に持ち出すことは禁じられている。

※24 時間寝かしたホエーの酸度が 50ml に付き 26°SH 以下の場合は、1 年に最高 12 回まで、土着の乳酸菌ラクトバチルス・ヘルベティカスを翌日のチーズ作りに使用するためのホエーに加えることができる。

● 歴史

11 世紀には、すでにハードチーズとして存在し、Caseus Vetus という名前で呼ばれており、その後グラナという名前がついた。11 世紀後半には、このチーズの販売網が存在していたと言われる。

19 世紀に規模の大きいアトリエが生まれるようになると、伝統を保ちながらも、品質がさらに向上した。

● 食べ方

熟成期間によって、テーブルチーズとして、あるいはイタリアの伝統料理の材料として楽しめる。

たとえば、パスタやリゾット、グリルした野菜におろして使ったり、冷たい肉料理に薄切りにして乗せたり、サイコロ状にカットしたものをアンティパストとして、またはサラダに加えて楽しむこともできる。

Grana Padano
●●●

DOPチーズの中で、生産量1位
広い地域で何度も出会う庶民のチーズ

　グラナ・パダーノを語るなら、まず、そっくりのパルミジャーノ・レッジャーノとの関係を語らないわけにはいきません。というのも、そもそもこの2つのチーズの歴史は同じころにさかのぼり、それぞれ産地の名前で呼ばれていたのです。その痕跡がわかるのが、パルマ産がパルミジャーノと呼ばれ、レッジョ・エミリア産がレッジャーノと呼ばれていたチーズが現在は合体して「パルミジャーノ・レッジャーノ」と名乗っていることや、グラナ・パダーノの産地のひとつロディ産が今もロディジャーノ（Lodigiano）」と主張していること。それほどにこのチーズは姿、形、呼称で歴史を引きずっているのです。

　そして、なんとDOPの歴史の始まりも、もとはといえばそんなグラナ・パダーノとパルミジャーノ・レッジャーノの産地と名称を巡る問題だったのです。

　年月をかけた紛争の末、パルミジャーノ・レッジャーノは協同路線を取って2つの呼称を残し、5県の限定区域を産地として指定したのに対し、グラナ・パダーノは周辺の30にも及ぶ県に生産地区を広げ、粒という意味の「グラナ」とポー川

グラナの製造過程には、何度も出会います　　　熟成8か月で状態をチェックする鑑定人たち

流域の「パダーノ平原」から名称をつけ、別の道を歩みました。

見た目でこれらの区別をつけるには、外皮に刻まれたマークと名称が最大の手がかりです。したがって、日本では徹底されていませんが、イタリアでは皮の部分を必ずつけて販売しなければなりません。それも、専門店ではお客様の前でカットするのでそれほど問題はありませんが、カットしたものを販売店に並べる場合は、カットをしてよいのは認定を受けた業者に限られるといった徹底ぶりです。

それでも粉チーズにしてしまったら分からないだろうと、グラナ・パダーノをパルミジャーノ・レッジャーノ、あるいは日本のようにパルメザンチーズという名称で使うレストランがまだ存在することは、生産者にとっても残念なことではないでしょうか。ぜひ、堂々とグラナ・パダーノと名乗ってほしいものです。

しかし、なぜ、ここまで厳しい決まりを設けるのでしょう。それはグラナ・パダーノが安定的な品質と価格でキッチンのハズバンドといわれるほど庶民の生活に入り込んでいる人気チーズで、イタリアでは生産量もDOPの中でダントツの1位のチーズだからです。

イタリアを旅していると、それほどにグラナ・パダーノがイタリアの広い範囲で日常的に作られていることを実感します。

また、トレンティン・グラナについては、グラナの中でも別格扱いをされていることはよく知られています。生産者たちは山の乳を使い、パルミジャーノ・レッジャーノと同じ製法で作ることにこだわり、グラナ・パダーノでは使ってもいいことになっているリゾチームという保存料などの添加物は、パルミジャーノ・レッジャーノと同様に入れないことを表明しています。したがって、外皮にもトレンティン・グラナという独自のマークをつけて販売しています。

価格はパルミジャーノ・レッジャーノなみ。ですが、生産量が限られていることもあって人気があり、生産量も増加しています。こんなとき、グラナ・パダーノの中でも異なる考えが混在することを知るのです。

トレンティン・グラナは独自のマーク

熟成の長短で味も様々、イタリア東北部の山の名前のチーズ
Montasio
モンターズィオ

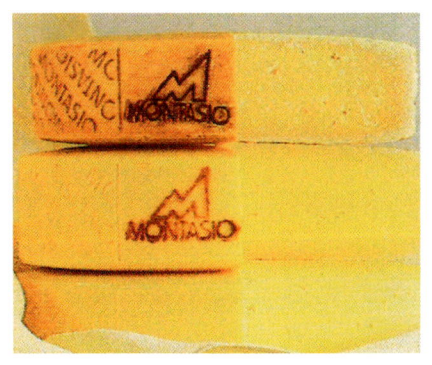

産地・指定地区

● 県の全域
● 県の一部

フリウリ＝ヴェネツィア・ジュリア州全域、ヴェネト州ベッルーノ、トレヴィーゾ各県の全域、パドヴァ、ヴェネツィア各県の一部

種　　別	加熱、圧搾
原料乳	牛乳の全乳
熟　　成	最低60日
形・重量	円柱形 直径30〜35cm 高さ8cm以下 重さ6〜8kg
乳脂肪	最低40%

外観
外皮はつるつるとしていて弾力性がある。熟成が進むにつれて茶褐色になる。

生地
熟成の若いものはきめ細かく浅いチーズアイがあり、淡い麦わら色。
熟成が進んだものは組織がもろく、麦わら色。小さなチーズアイが点在している。

風味
独特のアロマと少し辛みがあり、心地よい風味を醸し出している。熟成が進んだものは濃厚な風味で、蜂蜜のような甘さを感じることもある。

※搾乳も含め、すべての工程が山地で行われ、熟成も60日以上のものはプロドット・デッラ・モンターニャとラベルに記載できる。

DOC取得 1986年3月10日
DOP取得 1996年6月12日

●製法

夜と朝の2回にわたって搾乳した乳を使用する。最高4回の搾乳分まで使用しても良いが、製造は搾乳後30時間以内に始めなければならない。製造まで保管する場合、乳の温度は最高4℃とする。

乳を32～36℃に加熱し、インネスト、スターターを加える。子牛から採って液体または粉末状態にした凝乳酵素を加える。乳が凝固したらカットする。

42～48℃まで加熱しながら撹拌し、20～30分休ませる。

カードを引き上げて型に入れて圧搾し、上下を返す。文字が打ち抜かれているプラスティック製の枠をはめ、チーズの側面にマークを入れる。

加塩は乾塩、あるいは塩水プールで行う。塩水の場合、塩の濃度は低くし、必要に応じて、その後乾塩を使用する。

最初の30日間は室温8℃以上のところで熟成させる。

●歴史

13世紀には、ウーディネの修道院で、修道士たちがこのチーズをすでに作っていた。彼らのチーズ作りの技術は、古代ローマ帝国時代にすでに存在していた物々交換のために人々が行き来する道に沿って、アルプス地方に伝わり、その後フリウリやヴェネト州の平野部にまで広まった。

●食べ方

熟成が若いうちは前菜に、またはプリモやセコンドの味わいを高めるための材料として使うのも良いし、デザートに使うのも良い。

熟成が1年を超えたものは、おろして使うのがおすすめ。

Montasio

名より実。ブランド名を持たなくても美味しいチーズは健在だった

1990年代前半に訪ねた工房

協会の鑑定を受けて MONTASIO の焼き印が押されます

　モンターズィオは、イタリア北東部、オーストリアとスロベニアに国境を接する小さな州フリウリ・ヴェネツィア・ジュリア州とその周辺地域で作られてきたチーズです。最初に訪ねたのはこのチーズがDOCをとって、生産地が拡大し始めた1990年代前半のことでした。

　この時は大中小の工場を訪ねましたが、小さなところほど人の手の感触が行かされる工程が残っていて、さらに山に入ればもっと小さな農家もあると聞きました。しかし、多くの場合、指定産地が平野部に拡大されると、工場建設や輸送が組織化され、次第に小さな生産者は消えゆき、大手が増え、より安く、食べやすく、市場も開拓して生産量も上げて・・というストーリーになります。その時は、そんな時代の流れを不安に感じることしかできませんでした。

　もともとこのチーズは13世紀にモッジオ修道院で作られていたものがモンターズィオの山の民、近隣の村々に広まったものです。時代と共に地元の山の名前「モンターズィオ」を冠して流通するようになりますが、庶民の暮らしの中で

は、それぞれの村の名前でも呼ばれていたはずです。

　それがＤＯＣあるいは DOP という一つの認証を設定すると、さらに広く確かに流通させるために、証明のマークが必要になります。たとえばモンターズィオの場合、製造過程で名称とロゴマークが刻印されている型を側面に巻くことでその名をチーズに刻みますが、小さな生産者にしてみればその型代が負担になります。さらに協会の検査を受けたり、合格の焼印を押してもらったりするのにもお金がかかります。でも、地元で消費するだけならあえてモンターズィオと名乗らず、名称は自分たちの勝手でいいじゃないか。そんな生産者も少なくないことを、2012 年の２度目の訪問で知りました。どんどん近代的な設備投資をして海外への輸出を目指す大手と、選ぶ道は真逆といえるかもしれません。

モンターズィオと名乗らない、そっくり美味チーズと出会う

　そんな事実は、こんなことがきっかけで知りました。
　実は２度目の訪問のとき、ヴェネト州トレヴィーゾ県の県都トレヴィーゾのバルのカウンターで大きなチーズかたまりに出会ったのです。アミノ酸の結晶がたっぷりで口に含むと熟成モンターズィオと共通するパイナップル風味が濃く、余韻も長く残ります。すばらしく美味しい。
「これ、モンターズィオですね」と確認すると女主人は「いいえ、これはカルニアよ」ときっぱり。さらに、自分はカルニアの出身でこのチーズがいかに素晴らしい

バルのカウンターにあった「カルニア」。ここから面白いモンターズィオ探検が始まりました

翌年行ったカルニアでは、「アルトブット」という名のチーズを作っていました。中身は同じモンターズィオであり、カルニアであり…のはずですが…

Montasio

夏の間、アグリツーリズモを兼ねて使われているアルトブットの工房と高原

一見するとモンターズィオですが、よくよくみると側面には「アルトブット」と書いてあります

アグリツーリズモが経営するレストラン

か、とくとくと説明されたのです。

　それではと、その翌年、今度はそのカルニアを訪ねました。ところがここで見た製造中のチーズには「アルトブット」というベルトが巻かれているのです。質問すると、アルトブットとは、カルニアという地区の中の一つの集落の名前だとか。つまり、小さな酪農家たちがそれぞれに安価なプラスチック製の型を起こし、それで自分の地名をチーズにつけてオリジナルと称して出荷しているのです。

　アルトブットには美しい山があり、夏は多く観光客も訪れます。作ったチーズは心配しなくてもちゃんと売り切れるのだそうです。モンターズィオと似ていようが、似ていまいが、自分たちのチーズに変わりはない。そんな生産者がいくらもいると知って、その潔さにさわやかさを感じてしまいました。

酔っぱらいチーズの生みの親

カルペネード一家

　イタリアでは、好奇心とチャレンジ精神にあふれる「おいしいチーズ請負人」によく出会います。

　その一人のアントニオ・カルペネードは、1956年にトレヴィーゾで食料品店をスタート。その後チーズ専門店に変更し、テロワールにこだわるチーズを熟成から手掛けてきました。そして1976年、いまではすっかり有名になった酔っぱらいチーズ「ウブリアーコ」ブランドを世に出したのです。

　漬け込むワインは地元産、チーズももちろんモンターズィオをはじめ、アズィアーゴ、モンテ・ヴェロネーゼ、ピアーヴェ、カルニアなど地元チーズたち。開発はアントニオ＆ジュエッピーナご夫妻に近年では二人の息子たちも加わったうえに、2006年には新しいカーヴも完成。漬け込むためのワインも増えました。

　正しくは、チーズの漬け込みはワインになる前のぶどうの中に浸けるそうで、ぶどうはチーズと一緒に発酵してワインになっていくのだそうです。そのため9月はプロセッコとともに、10月からは黒ぶどうとともに、それぞれのぶどう品種と合うチーズを見計らっては漬け込みます。このほか様々な漬け込みチーズも作っているので、作業は翌年6月まで続くとか。それだけに、たくさんのチーズ生産者を知っているのです。

　家族が一丸となって類のないチーズを開発しつつ、遠来の客にも心づくしの対応。その心の熱さに私たちはいつも心地よく酔っぱらってしまうのです。

2006年に新しく建て替えたカーヴ。実際に熟成では使用しませんが、ワインの香りが充満しているせいか、この中にチーズが入っている錯覚に陥ります

いつも温かく迎えてくれるカルペネード夫妻

出荷前の酔っぱらいチーズたち

イタリアの山岳地帯で生まれたチーズ、全乳製と脱脂乳製の2タイプ

Monte Veronese
モンテ・ヴェロネーゼ

産地・指定地区

県の全域
県の一部

ヴェネト州ヴェローナ県の一部

モンテ・ヴェロネーゼ　ラッテ・インテーロ
（全乳タイプ）

種　　別　半加熱、圧搾

原 料 乳　牛乳の全乳

熟　　成　25日以上、30日が目安

形・重量　円柱形。表面はほぼ平らで、側面はや
　　　　　やくぼんでいる。直径25〜35㎝、高
　　　　　さ7〜11㎝、重さ7〜10kg

乳 脂 肪　最低44％

外観
弾力性があり、薄い麦わら色の皮。

生地
白、または麦わら色の生地。規則的に小さなチーズアイがある。

風味
デリケートでクリーミーな味。バターのような甘みを感じさせる。

モンテ・ヴェロネーゼ　ダッレーヴォ
（脱脂乳タイプ）

種　　別　半加熱、圧搾

原 料 乳　一部脱脂した牛乳

熟　　成　最低90日

形・重量　円柱形。表面はほぼ平らで、側面は若
　　　　　干くぼんでいる。直径25〜35㎝、高
　　　　　さ6〜10㎝、重さ6〜9kg

乳 脂 肪　30％以下

外観
弾力性があり、薄い麦わら色の皮。

生地
白、または薄い麦わら色の生地。全乳タイプよりやや大きめの直径。2〜3㎜程度のチーズアイがある。

風味
熟成したチーズならではのかぐわしい味。熟成が進むにつれ、辛みが出るが、その魅力とデリケートさを失うことはない。

DOC取得 1993年4月9日
DOP取得 1996年7月1日

● 製法

**モンテ・ヴェロネーゼ　ラッテ・インテーロ
（全乳タイプ）**

　牛の全乳だけを使い、子牛の凝乳酵素を添加し、15〜20分かけて固めたら米粒大にカットする。

　それをさらに10分ほどの時間をかけて43〜45℃に加熱。そのまま鍋の中で25〜30分ほど寝かせる。

　カードを集めて型に入れ、24時間ほど置いてホエーを排出させ、その後直接塩がけ、あるいは塩水に浸す。

**モンテ・ヴェロネーゼ　ダッレーヴォ
（脱脂乳タイプ）**

　一部脱脂した牛の乳に、子牛の凝乳酵素を添加し、25〜30分かけて固めたら米粒大にカットする。

　その後15分ほどの時間をかけ、46〜48℃に加熱。そのまま25〜30分ほど鍋の中で寝かせる。

　以下、全乳タイプと同様。

● 歴史

　このチーズの起源は13世紀に遡る。もともとローマ軍との戦いで敗れたゲルマン系のキンブリ族が難を逃れてやってきたのが、当時まったくの荒地で未開拓だったヴェローナ山岳地帯。その後、時代が下って1287年、ヴェローナの司教が正式に土地の所有権をキンブリ族に与えたため、彼らは土地を開き、アズィアーゴ高原から牛や飼育者、さらにチーズ製造者を連れてきてこで農業を始めたのだと言う。

　それが盛んになって、18世紀ごろから現在の名称であるモンテ・ヴェロネーゼと呼ばれるようになった。

● 食べ方

　全乳タイプは、テーブルチーズとして、または洋梨のようなフルーツ、またはクルミのようなナッツやドライフルーツとよく合う。塩味のタルトやポレンタにも合う。

　ダッレーヴォタイプのうち、熟成90日程度のものはテーブルチーズ向き。6か月以上も熟成が進んだものは、おろして使う。

Monte Veronese

山のチーズの価値を伝えたい
様々な祭典でお披露目中

チーズ名そのもの「ヴェローナの山」の風景

　モンテ・ヴェロネーゼにも、他のイタリアのいくつかのチーズ、たとえば産地もルーツも近いアズィアーゴなどと同じように、若い状態で食べるタイプと数か月熟成させるタイプの2タイプがあります。

　伝統を重んじるなら熟成タイプの「ダッレーヴォ」ですが、現代に人気が高いのは熟成期間の短い「ラッテ・インテーロ」の方。価格がリーズナブルなのと、焼いて美味しいなど今風の食べ方に支持者が増えたからでしょう。

　短期熟成タイプの名称となっている「ラッテ・インテーロ」とはイタリア語で「全乳」の意味。伝統の熟成タイプが脱脂乳で作られることから、現代版をこう命名して区別するようになりました。

モンテ・ヴェロネーゼ

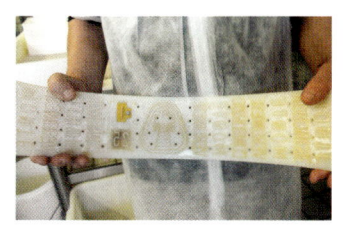

このベルトで側面に刻印します

銅鍋の底にかたまっているカードを大きく切り分けて取り出し、型の中に入れて水を切ります

熟成中のモンテ・ヴェロネーゼ

生まれ故郷、ヴェローナの熱意、あればこそ

　イタリア北西端のクーネオ県アルバから高速道路で東に3時間。まるで南のリゾート地のような優雅なムードのガルダ湖近くを通ります。目的地はロミオとジュリエットの舞台としても有名なヴェローナ県にあるラ・カザーラ社でした。通常なら午前中で終了するはずのチーズ製造ですが、この日は私たちの到着にあわせて、1つだけ銅鍋を残しておいてくれました。工房に入ると、さっそく鍋の底で休ませていたカードを大きく切り分けて取り出し、布をかけた型に入れ始めます。この状態であらかた水分を抜くと、一度取り出して布をはずし、改めて「MONTE VERONESE」と内側に文字が刻まれたベルトを巻きなおします。このベルトではこのほか生産者番号（同社は25番）と製造月（1月から順にA、B、C・・・となっている）も刻印されるようになっています。

　訪問した2013年の話ですと、モンテ・ヴェロネーゼの生産者はDOPの取得後も減少してなんと10軒。生産量は年間約64,000個で、カザーラ社はそのうちの18,000個を作っているそうです。

　一通り見学を終えると、それまで案内してくれていた社長のジョヴァンニ・ロン

Monte Veronese

ラベルには印象的な鷲のマーク。熟成の若いほうは緑色

ブラ祭りで、自著を持つジョヴァンニ・ロンコラートさん

　コラートさんがチーズのかたまりをサクサクと切って試食の準備に掛かります。熟成の若いラッテ・インテーロのほかに、熟成タイプは3種類出してくださいました。いずれもミルクのよさを十分に感じることが出来ましたが、ダントツにおいしかったのが2年熟成のマルガ（夏季放牧期間に製造）。2年という月日が美味しさを凝縮させたのは当然ですが、それほどの年月の熟成に耐えるチーズというのは、やはり乳の質、もっと言えばその牛たちが食べた草の質がよければこそです。

　「夏の間、高地牧場に子牛と一緒にいる牛たちは、子牛のために草を選んで食べるんだ。そのおかげで脂肪分の高い、けれど不飽和脂肪酸が多くて、すばらしい乳が出るんだよ。チーズは飽和脂肪酸が多いって言うけど、それは牛舎にいる牛たちが食べる餌に問題があるのであって、山にいる牛は違うんだよ。しかも、山の草はビタミンDがたっぷり、これを食べたら病気にならないよ」
とロンコラートさんは力説。この熱弁がモンテ・ヴェロネーゼを表舞台に押し出しているのだと実感しました。

チーズを盛り上げる祭典の数々

　ところで、ロンコラートさんはこのチーズの生産だけでなくプロモーターとしても有名です。山のチーズを集めて開く山のチーズオリンピック「カゼウス・モンタニウス CASEUS MONTANUS」の2005年イタリア大会のヴェローナ開催は、彼が仕掛け人の中心でした。ガラディナーも650人規模だったと聞きますから

相当盛況だったことでしょう。

　ちなみに山のチーズオリンピックとは、平地のチーズとは一線を画して山づくりのチーズの価値を見直そうと 2002 年から 2009 年まで開催されていた世界規模の大会で、日本から参加した共働学舎の「さくら」は 2003 年のフランス大会で銀賞、2004 年のスイス大会では金賞を受賞したことが日本でも大きく報じられました。

　さらに、ヴェローナは毎年行われるワインの大きな見本市「ヴィニ・イタリー VINI ITALY」の開催地でもあり、ここにもチーズは多く出展されます。このほか、モンテ・ヴェロネーゼが主役のお祭り＆コンクールも毎年 5 月の最終日曜日に開催されています。

　生産量は決して多くないながら、今日のように知られる存在になったのは、こうしたお披露目の機会を欠かさずものにしてきたカゼーラ社やロンコラートさんたちの努力が大きいかもしれません。

　鷲のマークで印象的なラベルが、緑色なら全乳で作られた、若くて食べやすい熟成25〜60日のラッテ・インテーロ。一方、水色なら3か月以上熟成させたダッレーヴォ。通常は3〜6か月熟成ですが、12 か月も熟成させるとヴェッキオ（古い）、18 か月ではストラヴェッキオと称されて味の深みはどんどん増していきます。

　このほか夏の高地牧場仕込みのマルガは、DOP を持ちながらもスローフード協会のプレシディオにも登録されていると聞き、地元の熱意に改めて敬意を表したくなります。

工場併設のおしゃれなショップとロンコラートさん。ここには、チーズのほかにパンもハムも充実していました

ショップの入口にも、鷲のトレードマークがありました

南イタリアのフレッシュチーズ　オリジナルは水牛乳製
Mozzarella di Bufala Campana
モッツァレッラ・ディ・ブーファラ・カンパーナ

産地・指定地区

● 県の全域
● 県の一部

カンパーニア州サレルノ、カゼルタ各県の全域、ベネヴェント、ナポリ各県の一部。ラツィオ州ローマ、フロジノーネ、ラティーナ各県の一部

外観
陶器のような白。1mmほどの薄い皮があり、表面はつるつるしている。表面に粘着性があってはならない。また、表面がうろこ状であってもいけない。

生地
薄い層になっており、作ってから8～10時間後までは弾力性があり、時間がたつに従い、溶けやすくなる。異常発酵やガスでできるチーズアイがあってはならないし、保存剤、防腐剤、着色剤の添加も禁じられている。
カットしたときに、白っぽいホエーを含んでいることや、脂肪分が多いことがわかるようでなければいけない。

風味
デリケートで、乳酸菌の香りがある。

種　　別	パスタフィラータ
原 料 乳	登録されている地中海沿岸の水牛の全乳
熟　　成	なし
形・重量	球状、あるいはこの地方の古くからある独特な形(一口大の球状、三つ編み状、小さな球状、リボン状)。重量20～800g
乳脂肪	最低52%

DOC 取得 1993 年 5 月 10 日
DOP 取得 1996 年 6 月 12 日

●製法

　乳脂肪分が最低7%で、搾乳後16時間以内に搬入された乳を33〜36℃に温める。乳酸菌は、指定地区内での水牛の乳から得た自然なもののみ使用が許されている。凝乳酵素を入れて固めたら、カードはクルミ大にカットし、そのままホエーの中で休ませる。その時間は最初に添加した乳酸菌の量によるが、凝乳酵素を加えてから約5時間ほどである。

　その後、カットされたカードを容器に入れ、95℃の熱湯を加えて専用の棒で練り上げ、つきたての餅のような大きな一塊を作る。その後、適切な大きさにちぎっていく。冷水に数分漬けた後、塩水に漬けることにより、加塩する。

　その後、燻製することも許可されているが、その場合は"affumicata"（燻製した）と明記しなければならない。

●歴史

　モッツァレッラの名前は、このチーズ作りの最後の行程である伝統的な方法、引きちぎる（モッツァーレ mozzare）という動詞から来ている。そのことは、16世紀に教皇のお抱えシェフが初めてこの動詞を書き残していることからもわかる。

　しかしすでに12世紀、カゼルタ県のサン・ロレンツィオ・イン・カプーアの修道士たちが、貧民にモッツァチーズ、またはプロヴァトゥーラチーズを分け与えていたという記録が残っている。

　また、ブルボン王家は水牛の飼育に大変関心を持っており、18世紀半ばにはチーズ製造所を所持していたほどだ。

●食べ方

　常温に戻して食べるのが一般的だが、料理の材料として使う場合には、液体から取り出し、余分な水分を取り除いてから使用すると良い。

　もっともシンプルな楽しみ方は、そのまま、レモンを2滴ほど落として口に運ぶ方法だ。このほかこしょうやオリーヴオイル、または砂糖など自在な組み合わせ方ができる。本家本元のピッツァにも欠かせない。

Mozzarella di Bufala Campana

水牛が暮らす土地を訪ねて
水牛乳文化の近代化と豊かさに触れる

かつて水牛は泥水に浸っていましたが、今は清潔なプールが完備された広々とした放牧地でゆっくりしています

　今日では、牛乳製ながら日本でもたくさん作られるようになったモッツァレッラですが、ふるさとは南イタリア、ナポリがあるカンパーニャ州です。そして、本来モッツァレッラといえば、このあたりの平野部で飼われていた水牛乳で作るフレッシュチーズを指しました。

　ところが、20世紀後半ごろからモッツァレッラの需要は増え、牛乳資源が豊かな北イタリアの大工場が牛乳でモッツァレッラを大量に製造するようになったのです。そこで、本来の水牛乳製との区別を明らかにするため伝統のモッツァレッラがDOC（現在ではDOP）を取得。牛乳製を「モッツァレッラ・ディ・ヴァッカ」、水牛乳製を「モッツァレッラ・ディ・ブーファラ」と呼び分けるようになりました。

　もうひとつ、モッツァレッラを取り巻く環境でここ20年の間に大きく変わったのが流通です。それまで地元消費が中心で、水に浸けて販売されてきたモッツァレッラは常温保存で消費期限が48時間でしたが、冷蔵輸送技術が発達した現在では製造後15日の賞味期限が保証されるようになりました。おかげで日本はもちろん、ほかの熟成チーズ同様、世界へと羽ばたくチーズに育ったのです。

モッツァレッラ・ディ・ブーファラ・カンパーナ

まるでつきたてのお餅のような生地

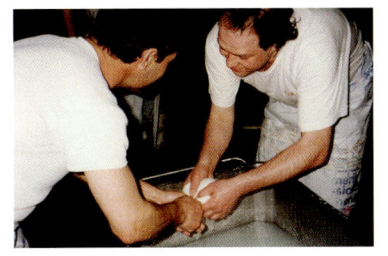

この引きちぎる作業から、名前がつきました

一昔前まで、モッツァレッラ作りといえばこの専用桶と棒で手作業する風景でしたが、最近ではもう、見られなくなりました

水牛乳製モッツァレッラの正しい食べ方は？

　水牛乳製のモッツァレッラの生産指定地区は、カンパーニャ州とその北隣でローマのあるラツィオ州とともに2州7県にわたります。水牛は、もともとこの一帯にあった湿原にいたという説や、多民族で領土を取り合っていた時代にインドからシチリア島、シチリア島から本土へと持ち込まれたという説などがありますが、今日ではかつてのような広大な湿原はすでになく、暑さに弱い水牛たちは人の管理下の水槽や水たまりで体温調節をしなければなりません。

　それでも水牛乳にこだわる理由は、牛乳に比べて脂肪分が高く、出来上がったチーズは水分をたっぷりと含みながらも歯ごたえが十分。そのうえ新鮮であればあるほど口の中に広がる品のよい甘さに代わるものがないからです。

　こんなモッツァレッラがせっかく手に入ったなら、保存方法や食べ方も現地に学

Mozzarella di Bufala Campana

びたいものです。まず、保存容器は決して金属製を使わずガラスか陶器に、買ったときに浸かっていた液体と一緒に常温のまま保存します。日本の場合は冷蔵で流通しているので、食べるときに 40 〜 50℃の湯せんに 10 分ほどつけて温めます。

ローマで体験したこの生温かいモッツァレッラのなんともオイリーで美味しかったこと。現地ではもともと常温で流通しているので、日本のように冷やしたモッツァレッラは食べないのです。

現代版水牛の飼いを見学して思うこと

2012 年 10 月、地元の直営店以外では販売しないというモッツァレッラ製造会社「ヴァンヌーロ」に行きました。ここはモッツァレッラだけでなく、水牛乳製のヨーグルトやアイスクリームもあって話題の店です。

売り場はモッツァレッラを購入する人で列ができています。一人 5kg までと制限しても午前中で完売してしまうこともあるとか。ここでは冷蔵保存だと風味が落ちるので、常温の状態で 4 日以内に食べるのが鉄則だと教えられました。

外を見ると、水牛たちが遊ぶ放牧地があります。ヴァンヌーロの創業は 1988 年で、現在の敷地面積 5,000 ㎡。このあたり一帯はもともと火山灰が積もってで

ここはリラックスゾーン。くるくるまわるブラシでかゆいところにも手が届いている？

「ヴァンヌーロ」では、2 人 1 組で'引きちぎる'作業を見学

きた土壌で水はけが悪く、耕作には向かなかったために水牛を飼ってきたという土地柄ですから、水牛たちは沼に浸かって泥まみれで暮らしていたはずです。ところが、ヴァンヌーロの水牛たちの暮らしぶりは少し違いました。

飼育されている600頭のうち、300頭はプール完備の美しい放牧場。一方、残り300頭の搾乳牛たちは3つのゾーンからなる衛生的で立派な牛舎にいました。

3つのゾーンとは、1つ目がマッサージ機を完備したリラックスルーム、もう1つがBIO認定の麦やトウモロコシ、干し草をブレンドした食事ができるレストラン、そして最後の1つが搾乳室です。

現地では、スモークしたものも一緒に液体につけて売っていました

購入したモッツァレッラ・ディ・ブーファラは、指示通り、その日の夕食でいただきました

3つのゾーンは自由に行き来できるように見えたものの、よく見ていると搾乳をすませないとレストランには行けない仕組みになっています。1頭ずつマイクロチップをつけられた牛たちは、いつ食べて、いつ搾乳したのか、コンピュータですべて管理されているのです。一見、優雅に見えていた設備ですが、人との触れ合いがまったくないまま制約だけはある、とわかると、少しさびしい気持ちになってしまいました。

モッツァレッラだけじゃない「水牛乳」製品、リコッタ

2010年、モッツァレッラ・ディ・ブーファラの製造後のホエーで作るリコッタがDOP認証を取りました（P.182）。

私にこのリコッタの美味しさを教えてくれたのは、カンパーニア州最南端のサレルノ県に会社を構えるマダイオ社のアントニオ・マダイオさん。彼は土地のチーズを買い付けては熟成・販売する熟成士です。まだ水牛乳のリコッタがDOPの対象になる数年前のサローネ・デル・グスト（食の祭典）に出展していた

マダイオの、バリオット・ディ・ブーファラ

シチリアの伝統菓子カンノーリは、本来なら羊乳製リコッタを詰めるのですが、水牛乳製リコッタも美味しいものでした

　同社のブースでは、硬く水分を抜いたリコッタをグリッシーニの上に細長く麺のように削りおろし、少量のオリーヴ油をたらしていたのです。おしゃれな演出、上品な甘さ。忘れられない出会いになりました。一方、同社の水分の多いソフトなリコッタは、はちみつをかけてそのままデザートになるやさしい甘さでした。

　その後、DOPをとってからのリコッタは、前述のヴァンヌーロでは、シチリア伝統菓子カンノーリのフィリングにもなっていました。

　リコッタといえば牛乳製と思っていたのが、羊乳が主流の南イタリアではリコッタも羊乳製が常識と知り、さらにはこうして水牛乳製もある。考えてみれば無理もない話ですが、人間の貪欲な工夫力にはつくづく感心してしまいます。と同時に行くたびに水牛乳製のアイスクリームやヨーグルトなどとさらに新しい出会いもあり、これぞまさしく旅の醍醐味と思うわけです。

涼しげなカゼフィーチョ（チーズ屋）を発見

南イタリアでセンスを光らせる熟成士

マダイオ社のアントニオ・マダイオさん

トリノの食の祭典サローネ・デル・グストで、新作を発表しては私たちに感動を与えてくれるアントニオ・マダイオ。マダイオ社の3代目の彼は、長男のアンジェロを営業、末っ子のダヴィデを製造担当として会社を発展させています。

村では絶大の信頼と人気の存在のアントニオ氏（中央）

　本社兼自宅の1階には小さいながらもチーズ製造のアトリエがあり、地下には地元の作り手たちから集めたチーズのための熟成室があります。熟成室の中央には丸石を敷き詰め、その石がいつも濡れた状態を保つようにして空間の湿度管理をするその設備は、芸術的でありながら論理的です。

　ところで、数年前、初めてアントニオの故郷カステルチヴィタに案内してもらいました。小さな山の中腹にあるその集落は、若者こそ減ったものの、この地を愛する人たちが残って仲良く暮らしています。ここに15年前に家を購入し、少しずつ手を入れてチーズの熟成をするアントニオを見つけると、住民たちは窓から手を振ってきます。家の中の洞窟には地下水が流れ、井戸もあります。これら古いものを修復して使いたいと、ここで過ごす時間を大切にしているアントニオは、いつかここに戻って来たいと思っているのかもしれません。

高齢化が進む集落カステルチヴィタ。周囲にはDOPを持つオリーブ畑が広がります

15年前に購入した家でチーズを熟成。岩に張り付いたテラコッタの壺は、おそらくワインを入れていたと思われます

ご自宅地下の熟成庫のセンスにはいつもため息が出ます

手のひらサイズに仕上げるフレッシュな羊乳製ソフトチーズ
Murazzano
ムラッツァーノ

産地・指定地区

ピエモンテ州 CN

● 県の全域
● 県の一部

ピエモンテ州クーネオ県の一部

外観
皮はない。新鮮なものは乳白色だが、熟成が長くなるに従って少し光沢を帯び、色も淡い麦わら色になり、茶色がかってくる。

生地
ソフトで、場合によって少しチーズアイがある。組織は非常に細かい粒状である。

風味
上品な味わいで、デリケートな香りがある。羊の乳ならではの、ほのかな甘みのある魅力的な風味を感じる。

種　別	非加熱
原料乳	羊の乳（最低60％）と牛乳
熟　成	最低4日
形・重量	円柱形。平らな表面。少し縁取りがある。 直径 10〜15 ㎝ 高さ 3〜4 ㎝ 重さ 250〜400g(4日熟成)
乳脂肪	最低44％ ※脂肪分が47％以上で羊の乳のみで作ったものは、"pura pecora"（羊の乳100％）と表示しても良い。

DOC 取得 1982 年 12 月 16 日
DOP 取得 1996 年 6 月 12 日

●製法

　最低でも搾乳2回分の乳を使用する。1年中、製造できる。ただし、羊乳は1月ごろから搾り始め、品質・量ともにピークを迎える4月を超えて夏を過ぎると乳量はぐっと減るため、最高40%まで牛乳を混ぜて良いことになっている。

　とはいえ、混ぜる混ぜないについて、あるいはその割合は、作り手によって自由である。

　37±3℃に温めた乳に液体の凝乳酵素を加え、凝固させる。カードは、底に穴の開いた円柱状の独特な型に入れる。

　その後、塩がけをする。

　熟成中は、ぬるま湯を使って毎日洗う。

　熟成は最低4日。長期熟成のものをガラスの瓶に入れ、密閉し保存したものは、ブルニエと呼ぶ。

しっかり熟成のぐじゅぐじゅムラッツァーノ。これが、「ブルニエ」

●歴史

　このチーズはロビオラの一種とされる。ピエモンテのロビオラの中でもっとも古くから存在すると言われ、その起源はケルト族の時代まで遡る。大プリニウスが著書『博物誌』で書いたアスティ地方のチーズが、これに当たる。

　チーズの名前は、このチーズが一番たくさん作られているムラッツァーノ村から来ている。以前は羊の乳だけで作られていたが、今や、羊の乳だけで作られたものは数が限られ、より貴重なものとなった。

　このチーズは、アルタ・ランガ(北ランゲ地方)の女性たちが作っていた。彼女たちがムラッツァーノのマルシェでこのチーズを商人たちに売ると、彼らは平野の都市部、そしてトリノにまで売りに下って行った。

　羊の世話、搾乳、そしてチーズ作りまで、その全てはクーネオ地方の女性たちの手によるものであった。

●食べ方

　食べる1時間前には冷蔵庫から出しておくこと。テーブルチーズとしてそのまま、またはオリーヴオイルとこしょうをかけるとさらに美味しい。

型から出して熟成に入ります

Murazzano

●●●

北イタリアの農家のマンマが
教えてくれた伝統チーズの食べ方

丘でのんびり草を食む羊たちと羊飼いのおじいさん

静かなムラッツァーノ村

秋になると白トリュフが採れることで一段と華やぐ北イタリアの街、アルバ。その賑わいとは対照的にひっそりと質素な村ムラッツァーノは、アルバから車で南に30分ほど走ります。初めて訪ねたのはもう20年も前。10月のことでした。

ピエモンテのランゲ地方は、この白トリュフのほかにもワインにくるみ、ヘーゼルナッツ、ポルチーニといった美味しいものの宝庫ですが、訪ねた羊乳製チーズ、ムラッツァーノもローマ時代からの伝統を引き継ぐ特別なチーズとして、イタリア政府から援助を受けて保護協会ができた、小さいながら貴重な存在です。

DOPで指定されている生産地域は、ここランゲの丘陵地帯にある43の市町村のみ。その中でも最もたくさんムラッツァーノを作っているというムラッツァーノ村には、100軒ほどの羊飼い農家で組織されるムラッツァーノ協同組合が1つありました。大きな敷地にチーズ工場と事務所、羊小屋。周辺のなだらかな丘には羊たちが白い集団をつくってのどかな空気を醸し出しています。

10月ともなると、すでに羊の乳量は少ない季節でしたが、工場にはほんのり甘い羊乳の香りが立ち込めていました。ただその工場がフル回転しても、とても輸

出まで考えられない生産量であることは容易に察しがつきました。
　協同組合のあとに訪ねた1軒目の農家では羊乳100%にこだわっているため、羊乳の最盛期でこそ1日100個ほど作りますが、乳量が見込めない10月なら1日おきに40個がやっと、11月から冬の間はチーズの製造は中止するそうです。
　もう1軒の農家のマンマは「羊乳は60%にしてあとは牛乳を混ぜたほうが絶対美味しい」と主張して譲りません。家庭ごとの味があるということでしょう。
　チーズ作りを見ていたら、羊の世話をしていたご主人が昼食に帰宅され、私たちも一緒にと誘っていただきました。ダイニングのテーブルには自家製のワインやジャム、手作りのパン、卵入りパスタと自家製がずらり。フレッシュなムラッツァーノは、薄めにスライスしてモッツァレッラを食べるようにバジリコをのせ、オリーヴ油と塩、こしょうをかけると教えていただきました。
　さらに食後には、びんの中でしっかり熟成させてぐじゅぐじゅになったムラッツァーノが登場。そのままではのどを刺すような辛味が強烈ですが、パンに塗って、薪にかざせば何とか…。ご主人はこれが大好物で、毎日欠かせないというので驚いてしまいました。
　農家でチーズを作っているのは、この2軒を含めてたったの10軒ほど。協同組合の工場を加えても、これでは近隣の村々で消費される分がやっとでしょう。けれど伝統を守り、日々のくらしの必需品として作り継ぐチーズもある。この村を見学したおかげで伝統の食べ物の存在意義を改めて実感することができました。

1軒目の農家は、嫁姑で羊乳100%のムラッツァーノを作っていました。柔らかくて、ミルキー。思わず「ボーノ」と笑顔で伝えました。10年後に再訪したら工房はぐんと大きくなっていました

2軒目のマンマは「牛乳が40％入ったほうがおいしい」と主張。それぞれの家庭の味があるようです

外皮は重厚な1年熟成。中はサフランで染めた美しい黄色
Nostrano Valtrompia
ノストラーノ・ヴァルトロンピア

産地・指定地区

● 県の全域
● 県の一部

ロンバルディア州ブレーシア県の一部

外観
濃い茶色、または赤みがかった黄色の硬い皮に包まれている。

生地
硬いが、粒はあまり見られない。中程度の大きさのチーズアイが規則的にある。

風味
深い味わい。熟成が進むと、軽めの辛みが感じられる。

種　　別　加熱、圧搾

原 料 乳　一部脱脂。生乳
牛の種類　系譜登録されているブルーノ牛

熟　　成　最低12か月

形・重量　円柱形。平らな表面。
　　　　　直径 30 〜 45 cm
　　　　　高さ 8 〜 12 cm
　　　　　重さ 8 〜 18 kg

乳脂肪　27.5 〜 42%

DOP取得 2012年7月6日

● 製法

最高で搾乳4回分までの乳を使う。

スチール製またはアルミニウム製のバットに乳を入れ、最初に搾乳した乳をろ過した時点から数えて10時間から48時間、クリームが浮き上がってくるまで放置する。最後に搾乳したミルクは脱脂しなくても良い。

銅の大鍋に乳を移し入れ、36〜40℃に加熱する。最長で3日前のチーズ製造時のホエーを最高2%まで加えても良い。

35〜40℃の乳に子牛の凝乳酵素を加えると30〜60分で凝固する。スピーノを使い米粒大までカットする。その後47〜52℃に温める。

大鍋に乳を入れた時点、あるいはカードとホエーの混ざっている状態のときに、乳100kg当たり0.05〜0.2gのサフランを加える。

温めたカードは、大鍋の底で寝かせるが、加熱し始めてから15〜60分の間は布、またはマステッラと呼ばれる独特の皿状の木の容器で引き上げる。その後、そのカードを移し入れる型には、このチーズの名前と製造所の番号がチーズ本体に刻まれるよう浮き彫りされている。

布に覆われたカードは、ホエーを排出させるために、傾斜のついた作業台に置く。その時間は、カードを引き上げてから最高でも24時間までである。

その後、チーズの大きさによっても異なるが、5〜20日の間、手で直接、表面に加塩を行う。この間も3〜10日おきに上下をひっくり返す。

熟成が始まって3か月以上たったら、熟成終了までの間に表面を削り、亜麻の油を塗る。型に入れてから最低12か月の熟成を行う。

● 歴史

現在でも標高1800m以上のところで、チーズを製造している人々がいる。この特殊な環境で生乳を放置すると独特の微生物が繁殖し、後に素晴らしい香りと味わいを生み出す。また、酸度もほどよい状態になり、熟成したときには気になる酸味がなくなる。

サフランを加えるのは、一部脱脂することによって淡くなってしまった色合いを良くする意味と、また、新鮮な草を食べた牛のせいで、チーズが青みがかるのを防ぐ意味がある。

大変歴史のあるチーズで1500年代には、すでに牛の種類の選択、放牧について、チーズの作り方まで書いた記録が残されている。

● 食べ方

蜂蜜やフルーツ、野菜のジャムを添え、テーブルチーズとして楽しめる。とりわけ菩提樹の蜂蜜に合わせると、このチーズの特徴とよりよくマッチする。

熟成の進んだものは、おろして。

Nostrano Valtrompia

伝統のチーズを絶やさないために
父の後を継いでチーズ作りを始めた一家

工房の外には牧草地と牛たちののどかな風景がありましたが、あたりは急な斜面が繰り返す土地柄です

　このチーズの名前の「ヴァル・トロンピア」とは指定産地でもあるブレーシア県のトロンピア渓谷のことですが、「ノストラーノ」とは「我々の」という意味ですから、もともとはこの一帯で作っていた人々それぞれのレシピがあったのだと思います。しかし、そのレシピもきちんと残さないと将来がないと考えた生産者が集まって協議し、DOPを申請したのが 2002 年こと。2012 年に認証が下るまで 10 年とは、関係者にとってはきっととても長かったことでしょう。
　そんなことを思いながら 2014 年 9 月に訪ねたのは、現在 40 歳で、3 人の子供がいるマウロさんの工房です。彼がチーズを作ろうと決意したのは 15 年前。大学卒業後、企業で働いていましたが、3 人兄弟の誰も父親の跡を継がず、このままでは伝統のチーズが消えてしまうと思ったからだそうです。
　しかし、父親と異なるのは、仕事を効率的に見直したこと。いくら牛が相手とはいえ、自分たちにも休みが必要なので、ノストラーノの製造は 2 日に 1 回にしました。でも週末は奥様とショップもやっていると聞けば、やはりのんびり休んでいるわけではないようです。
　標高 700m。外には急斜面の美しい牧草地が広がり、ブルーナ・アルピーナ牛が草をはんでいます。
　製造の様子を見せていただきました。原料乳は、朝夕 2 日、4 回の搾乳分の乳を脱脂したもの。脱脂工程で上に浮いたクリームからはバターも、またほかの脂肪分の高いフロマジェッラやロビオラも作っているそうです。

ノストラーノ・ヴァルトロンピア

　程よい温度に達したら火から離して、サフランと凝乳酵素を加え、カエデのお椀をつけたヘーゼルナッツの棒でかきまわして凝固を待ちます。棒がスターターの役目をしています。つまりこの棒が乳酸発酵を促すのです。

　しっかり凝固したかどうかを確かめるには、木製の皿のようなものを垂直に立ててみて、倒れなければオッケー。やはりこの皿もカエデ製。こういった道具はほとんど昔と変わらないようでした。

　カードを均一にカットしたら再び火にかけ、30分かけて48〜50℃まで温度を上げると、また火から離して静置し、鍋の底にカードを集めます。頃合いをみて、丁寧に手でひとつにまとめて引き出すと、あっという間に木製の枠に入れてしまいました。台の上においてホエーを抜いたら、1月1日から数えてこの日は259日目であるという印をつけ、そのまま熟成室へと移します。

　ノストラーノの最低熟成期間は1年。1年後に引き取る約束でチーズに記念のサインをしました。DOPの規定では熟成は最低1年ですが、美味しいのは1年半〜2年ものだそうです。

　マウロさんのような生産者は今、たったの7軒。それでもいつかは共同で熟成室をつくりたいと夢を持つ生産者たちがいることに、将来を明るく感じた訪問になりました。

火にかけられた細長い銅鍋は、北イタリアの特徴です

サフランはヴェネツィアに支配されていた頃には高級品とされ、チーズにも入れることで高収入を得られたのだといいます

木製の枠に入れて、ホエーを抜きます

ノストラーノ協会の会長は食料品店の経営者。この熟成庫ではロベルトさん含め3軒の生産者から購入して熟成していました

イタリアチーズを代表する世界のスター。長期熟成の旨みは、アミノ酸の結晶

Parmigiano Reggiano
パルミジャーノ・レッジャーノ

産地・指定地区

● 県の全域
● 県の一部

ロンバルディア州マントヴァ県の一部（ポー川の右岸に位置する一帯）、エミリア・ロマーニャ州パルマ、レッジョ・エミリア、モデナ各県の全域とボローニャ県の一部（レノ川の左岸に位置する一帯）

種　別	加熱、圧搾
原料乳	牛乳の生乳、一部脱脂乳
熟　成	最低 12 か月
形・重量	円柱形、上下面は平らで側面はやや膨らみを帯びているか、またはまっすぐ。 直径 35〜45cm 高さ 20〜26cm 重さ最低 30kg
乳脂肪	最低 32%

外観
自然な麦わら色で外皮の厚みは約 6mm 程度。表面には脂肪分がにじみ出ていることもある。

生地
薄い麦わら色。細かな顆粒状。

風味
デリケートで風味豊か。しっかりした味わいだが、辛みはない。長期熟成のものにはアミノ酸の結晶ができ、口にしたときジャリジャリとした旨みを感じる。

DOC 取得 1955 年 10 月 30 日
DOP 取得 1996 年 6 月 12 日

●製法

原料の乳は、1日2回の搾乳で、各回の搾乳ともそれぞれ4時間以内に終了させたものを使う。搾乳後は、2時間以内にチーズ工場へ搬入するが、遠心分離器にかけてはいけない。また、搾乳後、即時に最低18℃まで保冷しても良い。

前日の夕方搾乳した乳は、ステンレスのバットに入れ、覆いをせず、自然に脂肪分を浮き上がらせて一部脱脂する。これを、当日の朝に搾乳して搬入した乳と混ぜ合わせる。朝の乳も自然に脂肪分を浮き上がらせて一部脱脂しても良い。

また、朝の乳は、保存しておいて、総量の最大15％までの量であれば、翌日の製造に利用しても良い。この場合は、ステンレスの容器で最低10℃まで下げて保存する。

乳を銅製の円すい形の大鍋に入れ、26℃まで加熱したら、前日の製造の際、自然に酸化させた乳酸菌を培養したシエロ・インネストを加え、さらに加熱しながら子牛から採った凝乳酵素を加えて凝固させる。

その後、カードをカットし、再び加熱を始める。ゆっくりと43℃まで温度を上げながらカードを米粒大までカットし、かき混ぜる。火を止めて大鍋の底に沈殿させる。翌日のためのホエーをくみ出した後、様子を見て撹拌しながら一気に53℃まで温度を上げ、火を止める。この作業は午前中に終えなければいけない。

カードは、布ですくって2つに分け、木製の型に移す。

大鍋1つから、2つのチーズを作ることができる。大鍋は1日に1回しか使用してはならない。

その後、重しをして脱水したら、Parmigiano Reggianoの文字が打ち抜かれたステンレスの型に入れ換え、さらにホエーを抜く。塩水プールに入れて加塩する。

熟成は最低12か月。熟成室の温度は最低16℃までに保たれる。熟成中、ブラシをかけて反転させる作業を初期の段階では週に1度のペースで行い、次第に間隔を空け、熟成後半では15～20日に1回程度の割合で行う。

●歴史

その起源は中世に遡る。アペニン山脈とポー川の右側の位置するポー平野のベネディクト派やシトー派の修道士が、湿地帯から水を抜き、乳牛のための牧草を栽培するようになったことも、このチーズの発展に寄与した。

●食べ方

テーブルチーズとしてそのまま、あるいはサラダに。また、フレッシュなフルーツやドライフルーツと一緒に合わせるのも良い。

イタリアの様々な伝統料理の材料として。たとえばおろしてパスタに、あるいはミネストローネやコンソメなどのスープに振りかけても素晴らしい。

バルサミコ酢をかけても美味。

Parmigiano Reggiano
● ● ●

イタリアの王様チーズ
次の課題は原産牛の保護

白牛がぞろぞろとやってきました（ロゾラにて）

　2014年、パルミジャーノ・レッジャーノ協会が設立80周年を迎えました。
　パルミジャーノ・レッジャーノ生産の中心地であるパルマ、レッジョ・エミリア、モデナの3県は、古くからイタリア一のミルク生産地として発展してきました。1901年のレッジョ商工会議所の呼びかけを発端に、輸出向け製品の原産地をはっきりさせようとマントヴァも入れて4県で話し合い、1934年に保護組合ができ、焼印ができ、パルミジャーノ・レッジャーノと名前が決まったのもこのときです。その後組合員数は増え、1954年発令の原産地名称保護制度で正式にその地位が守られるようになり、いまやイタリアチーズの王様として君臨している、というわけです。
　「パルミジャーノ・レッジャーノのすべて」（フェルミエ刊）を2005年に出版してから、はや10年が経ちます。生産者を巡る旅をどれだけしたことでしょう。私にとって、イタリアのチーズの旅はこのチーズから始まったので、あまりにも思い出も情報も多すぎて、簡潔にまとめることはできません。しかし、前著の取材

パルミジャーノ・レッジャーノ

中からすでにヴァッケ・ロッセ(赤牛)、モンターニャ(山岳地)、あるいはオーガニックや長期熟成がもてはやされたりと、世界に巨大市場をかかえるだけに情勢は刻々と変化を見せています。そんな現地をもう一度訪ねたいと出掛けたのは、2011年の秋でした。

最も気になっていたのは、ブラ祭りで出会ったヴァッケ・ビアンケ(白牛)のパルミジャーノの生産者ロゾラでした。スローフードで保護されている白牛協会ヴァッケ・ビアンカ・モデネーゼ（Vacca Bianca Modenese）通称ヴァッケ・ビアンケの生産者はたった2軒。その両方にアポイントを取っての出発です。

絶滅の危機から白牛を守る 2軒の生産者

ボローニャから車を走らせ、地図では近いはずが、山道に入ると時間はどんどん過ぎていきます。やっと1軒目の生産者サンタ・リタに到着したものの、すでに昼過ぎ。「長旅お疲れ様、まずは食事を先にしよう」とご馳走になったのが、白牛の肉を使った伝統料理でした。白牛は長生きで働き者で、年をとった肉もおいしいと体験を交えて教えてくれたのです。結局サンタ・リタの見学は午後からになってしまいましたが、夕方には搾乳された乳が次々に工房に運ばれてくる場面にも出会いました。サンタ・リアのあるポンペアーノの村はなんと土地の90%がオーガニックの認定を受けているそうで、店にはパルミジャーノ・レッジャーノはもちろんのこと、はちみつ、パスタ、石鹸、シャンプーまで並んでいました。

翌日は、ブラ祭りで何度か会っているロゾラ

2軒目「ロゾラ」の工房で。一塊になったカードを引き上げ、2つにカット

2つに分けたカードは、吊るして水分をきります

Parmigiano Reggiano

ポンペアーノの村

に向けて出発しました。あの、群を抜いた品質は原料乳によるものか、職人の腕の良さなのか、しっかり自分の目で確かめたかったのが一番の目的です。

　ロゾラは標高約800m、エミリア・ロマーニャの中では高いほうの山間部で、人口100人程度の小さな村にありました。アトリエは気持ちよいほどに美しく、ブラで一生懸命に販売していた人たちが、トラックにチーズを積み込んでいるところでした。さっそく、製造を見学。カザーロのパウロさんの仕事ぶりを見ていると、その丁寧さがおいしさに繋がるのだと納得してしまいました。

　途中から駆けつけてくれた地元の協同組合長のアレッサンドロ・マルキさんは自慢の牛を見せようと、工房の前の放牧地に私たちを連れて行きます。彼が呼ぶと、なんと牛たちが次々と集まってきたのには感動してしまいました。

　パルミジャーノの生産者は年々減少しています。約30年前は1000軒を越えていたのが、10年前には500軒、昨年の統計では373軒です。ロゾラの牛乳生産者は7軒で、そのうち白牛を飼っているのは4軒。白牛を守る運動には徐々に賛同者が増え、一時は絶滅の危機にあったのが、いま増加の傾向にあるようです。

　さらに、ロゾラでは赤い足のペッサータ・ロッサ牛も保護していて、その乳100％のパルミジャーノも作っていると聞いて彼らの姿勢に胸が打たれました。もちろん、チーズは美味しい。日本でもしっかり応援したいと思っています。

2007年ブラ祭りで初めてロゾラに出会う。カザーロのパウロさん（左）と、協会組合長のマルキさん（中央）、みずから宣伝販売をしていた。

パルミジャーノと牧草を教えてくれた一家
ビエンメ社とビアンキ家

どんな牧草がいいのか、ていねいに教えてくれた
グィード・ビアンキ

現在、農場を引き継いでいるミケーレ

　2011年のパルミジャーノを巡る旅行の最終日におじゃましたのが、ビアンキ家です。ビアンキ家との取り引きは1989年からなので、もう25年にもなります。

　当初、ビエンメ社としてパルミジャーノの熟成・輸出販売を担当していたのはカミーロ・ビアンキでした。熟成庫と事務所が一緒になった会社はパルマ駅から徒歩数分のところにあり、何度も気軽に訪ねることができました。

　彼に連れられてパルマ郊外の農家風のご自宅に伺ったり、牛農家でありながら牧草博士のようでもあった兄のグィード・ビアンキを紹介していただいたり、パルミジャーノの作り手を何軒も紹介いただいたり、思い出は尽きません。

　何度も日本に来ていた兄のグィードは他界してしまいましたが、10年ほど前から社長業は氏の長男アルベルトが、農場はアルベルトの弟のミケーレが継いでいます。

　いまは、ビエンメのブランドは残して会社は売却。しかし、パルミジャーノの輸出においてビアンキ家が残した功績は大きく、また多くのことを教えてくれたファミリーとして、世代は代わってもよいお付き合いを続けています。

ビアンキー家。中央が長男のアルベルト氏

ローマ時代から羊飼育の歴史を紡ぐ、南イタリアの籠模様の羊乳製チーズ
Pecorino di Filiano
ペコリーノ・ディ・フィリアーノ

産地・指定地区

バジリカータ州ポテンツァ県の一部

外観
表面には、籠の跡があるのが特徴。色は黄金色だが、熟成して表面をエキストラヴァージンオイルで拭いたものは茶色をおびる帯びる。

生地
均一で小さなチーズアイがある。フレッシュなものは白っぽいが、熟成したものは麦わら色。

風味
フレッシュなものは、デリケートで甘みを感じるが、熟成するに従って、辛みを帯びてくる。

種別	非加熱、圧搾
原料乳	羊乳
羊の種類	ジェンティーレ・ディ・プーリア羊、ジェンティーレ・ディ・ルカーニア羊、レッチェーゼ羊、コミザーナ羊、サルダ羊、またはこれらの交配種
熟成	最低180日
形・重量	円柱形。上下面は平ら。側面は平らか、やや膨らみがある。 直径15〜30cm 高さ8〜18cm 重さ2.5〜5kg
乳脂肪	最低30%

DOC取得 2007年12月14日

●製法

1回あるいは夕方と翌朝の2回搾乳した乳を使う。最初の搾乳から24時間以内に清潔なフィルターにかけ、その後最高で40℃まで加熱する。温度が36〜40℃になった時点で、指定地域で飼育した子羊か子山羊の手作りのペースト状の凝乳酵素を加える。

カードができたら、米粒大にカットする。そのままホエーの中で短時間休ませた後、アシの籠かそれと輪郭の似た清潔な籠に移す。

ホエーを押し出すために、手で押す。籠に入れたまま90℃のホエーの中に入れ、最長で15分間休ませる。ホエーから引き出してしばらく置いたら籠から出し、少し乾かしてから塩をすりこむか、塩水に浸す。

その後、凝灰岩(火山灰が堆積してできた岩石)の洞窟またはそれと同じような特徴を持つ場所(気温12〜14℃、湿度70〜85%)で最低180日熟成させる。熟成し始めて20日後からバジリカータ州産のエキストラヴァージンオイルとワインヴィネガーで表面を拭いても良い。

ペコリーノ・ディ・フィリアーノの製造は年間通して可能である。

●歴史

フィリアーノという地名は、動詞フィリアーレ(糸を紡ぐ)から生まれたもので、昔から羊の毛を紡いでウールを作っていたところとして知られる。

ローマ帝国の植民地であった時代にこの地域ではすでに羊が飼育されており、13世紀以降、羊乳製のチーズ生産地として知られてきた。とりわけ、フィリアーノ村周辺は、近郊のヴルトゥレ火山からのミネラル塩の豊富な土壌で草花が育ち、これらを食べた羊の乳から素晴らしい羊乳製チーズが生まれる。

●食べ方

食卓のチーズとして、またおろしても使える。

Pecorino di Filiano
●●●

小さな村の伝統チーズ農家
次世代が力を合わせてDOPを獲得

　1990年代といえば、EU統合に向けて経済だけでなく様々な法の整備が進められようとしていた時代です。小さな村々で作り継がれてきた伝統チーズがなくなってしまうのではという危機感もあり、「葦で作った天然の籠」や、それを使ってチーズ作りをする人にぜひとも会っておきたいと、まるで探検のような気持ちで気になる田舎を走っていました。

　目指したのはイタリア地図の土踏まずからくるぶしにかけて位置するバジリカータ州。それも海側ではなく「くるぶし」のあたりにある山間部のフィリアーノ村です。この州はこれといった産業がなく、凝灰岩でできた厳しい山々と草原が連なる風景には、羊や山羊ばかりが目立っていました。

　ここで作られている「フィリアーノ」というチーズは、隣のプーリア州ですでにDOCをとっていた「カネストラート・プリエーゼ」の一回り小さい版といった、様子もよく似た羊乳製チーズです。

　フィリアーノ村で見つけたチーズ屋さんに、伝統的な作り方をしている農家サントロ家を紹介してもらいました。

　小高い丘に立つサントロ家のアトリエをのぞくと、日焼けして深いしわが刻まれた顔のおじいさんが一人、チーズを仕込んでいる最中でした。彼はこの家の3代目で70歳。代々この地で羊と山羊を追い、乳を搾り、チーズを作ってきたそうです。今は羊230頭、山羊35頭を飼っていて、搾乳は手作業だそうです。

　「羊の種類はジェンティーレ・ディ・プーリアといっていちばんおいしいミルクを出す羊なの。ただ風味を良くするためにうちでは山羊乳を10%足してるのよ」とは娘のルチアさん。

　「籠も、代々昔ながらのものを使ってきたけれど、EUでは使用禁止になったので1999年までしか使えません。でも使える限り、これで作りたいんだけどね」。

　話をしながら庭先を下ると羊たちの集団。旅人にはのどかに見える風景にも、着実に時代の波は押し寄せています。

ペコリーノ・ディ・フィリアーノ

サントロ家の庭先を下ったところに集まっていた羊たちと、フィリアーノ村の風景

「フィリアーノは伝統的なチーズなので、DOC に申請して残していきたいと地元のみんなと話しているのよ」
というルチアさんの言葉を聞いたとき、私の胸にはポッと明るい灯がともったような気がしました。

あれから時は流れ、やっとフィリアーノの DOP 入りのニュースを聞きました。と同時に、なんと、例の籠はもとの葦素材をそのまま使い続けてよいことになったというではないですか。伝統を守ろうと動いた次世代のルチアさんたち地元の皆さんに、思わず心の中で拍手を送りました。

軒下に干された「本物の」レンネットのもと、子山羊の胃袋。きっと、オスだったのでしょう

葦で作られた籠が当時も、そして今も活躍しているはずです

127

羊の産地の伝統チーズ、山羊乳を少し加えることもある
Pecorino di Picinisco
ペコリーノ・ディ・ピチニスコ

ラツィオ州フロジノーネ県の一部、アブルッツォ州の一部、モリーゼ州の一部

外観
外皮は薄く、ざらざらしている。麦わら色。

生地
しっかりしていて、チーズアイが少しある。白あるいは麦わら色。

風味
山の放牧地で牛が食べた草花に由来するフレーバーはあるが、牛舎の臭いはしない。
半熟成タイプは甘い風味がするが、熟成の進んだ熟成タイプはしっかりした味わいで、辛味を感じる。

種　　別	非加熱、圧搾
原 料 乳	羊乳、25％まで山羊の乳を加えても良い。どちらも生乳、全乳。

〈半熟成〉
熟　　成	30～60日
形・重量	円柱形。直径 12～25 cm 高さ 7～12 cm、重さ 0.7～2.5 kg
乳脂肪	最低 55％
水　分	最低 45％

〈熟成〉
熟　　成	最低 90 日
形・重量	円柱形。直径 12～25 cm 高さ 7～12 cm、重さ 0.5～2 kg
乳脂肪	最低 55％
水　分	最低 35％

DOP 取得 2013 年 11 月 7 日

●製法

搾乳後、2 時間以内に製造を始める。それができない場合は 15℃前後を超えない温度で保存し、少なくとも 14 時間以内に製造を始める。さもなければ 4 ～ 6℃で冷蔵して 48 時間以内に製造を始める。

乳を大鍋に入れ、36 ～ 38℃まで温める。子山羊か子羊の凝乳酵素を加え、できたカードを米粒大まで小さくカットする。大鍋に入れたまま静かに放置し、下にたまったカードをそのまま軽く圧搾する。型に移し替え、手、あるいは重しを使ってさらに圧搾する。

2 ～ 5 分沸騰させたホエーの中で加熱しても良い。

ホエーを排出させたら、加塩をし、12 ～ 24 時間置く。塩は 1kg に付き 20ｇ以上使用する。

その後、熟成を始めるが、できればもみの木かヨーロッパぶなの木の棚の上が好ましい。その間、オリーヴオイルとワインヴィネガーを使って手当をしても良い。

●歴史

ラツィオ州には、価値ある伝統文化が多くの書物に書き残されているが、このチーズもそれらに重要な乳製品として名を残している。

この地域の羊と山羊の生育数を 1875 年から 2000 年まで追っていくと、放牧やこのチーズ製造に携わってきた人々の数や地域との深い繋がりがわかる。

なお、半熟成タイプのことは、現地ではスカモシャートタイプと呼んでいる。

●食べ方

地元のパンや生の若いソラマメ、あるいはニセアカシアの蜂蜜を添えて。あるいはカラーブリア州の紫玉ねぎのコンフィチュールか青いトマトのコンフィチュールとともに。

ホップの味わいが特徴のビール風味のゼリーを添えても良い。

料理に加えれば、このチーズの風味ならではの楽しみが満喫できる。

南イタリアの伝統羊乳製チーズ。地元料理にも欠かせない存在

Pecorino Romano
ペコリーノ・ロマーノ

産地・指定地区

サルデーニャ、ラツィオ各州の全域、トスカーナ州グロセット県全域

外観
薄い表皮がある。象牙色、あるいは麦わら色。コーティングされて、黒い場合もある。

生地
しっかり身が詰まっている。チーズアイがあることもある。白または麦わら色。

風味
風味に富み、少し辛みがある。熟成が進んだものは、魅力的な辛みがいっそう増している。

※DOPで許可されるラツィオ州、サルデーニャ州、トスカーナ州グロセート県ではDOPのマークの他、個別のロゴをつけ足すことができる。

種　　別	加熱、圧搾
原 料 乳	羊の全乳
熟　　成	最低5か月
形・重量	円柱形。表面は平ら。 直径25～35cm 高さ20～40cm 重さ25～35kg
乳 脂 肪	最低36%

DOC取得 1955年10月30日
DOP取得 1996年6月21日

● 製法

乳は加熱しても良い。また、生産地区内に存在する乳酸菌を加えても良い。

生産地区内で育てられた子羊から採ったペースト状の凝乳酵素を加え、38〜40℃で凝固させる。その後、カードを米粒大にカットしたら45〜48℃に加熱する。

カードは型に入れて水分を切り、プレスし、ホエーがほとんど抜けたら内側に文字が刻まれたプラスチックの型を巻き、チーズ本体に名前を刻む。

加塩は、直接かけるか、塩水に浸す。

熟成は、テーブルチーズ用には最低5か月、おろして使うためには最低8か月行う。チーズの保護のために、無色あるいは黒の食用のワックスでコーティングすることも許されている。

● 歴史

古代ローマ人によく知られたチーズで、ローマ周辺の農業地帯で生まれたと言われる。皇帝たちが珍重していたチーズでもあった。

20世紀初頭、アメリカに渡った多くのイタリア系移民たちがふるさとの味として求めたため、輸出が本格化し、生産力アップのために産地は拡大し始めた。新しい工場は、羊をゆったりと育てる土地があり、原料乳を安く調達できるサルデーニャ島に次々と建つようになり、21世紀の今日では、本土での生産は実質ほとんどなくなった。

● 食べ方

熟成期間が5か月程度のものはテーブルチーズとして、8か月以上のものはおろして使うのに向いている。

伝統的なのは、自家製のパンと生のソラマメと一緒に食べる食べ方だ。おろして使う場合は、ローマの伝統的な料理カルボナーラやマアトリチャーナには欠かせない材料である。

熟成したものは、有名な赤ワイン、ブルネッロ・ディ・モンタルチーノと相性が良い。

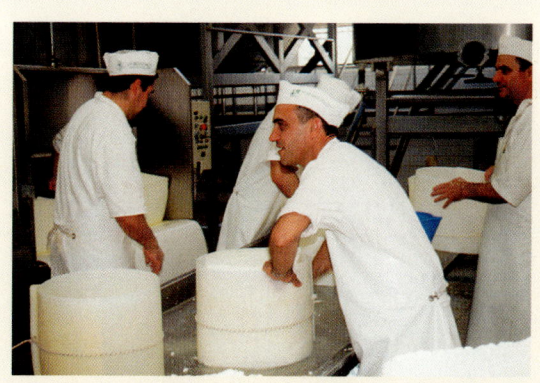

サルデーニャの工場では大きく切った四角形のカードにプラスティックのすのこを巻いて水分を切っていました

Pecorino Romano

ローマからサルデーニャへ
塩味抑えて生き残るペコリーノの大御所

いま、ペコリーノ・ロマーノのふるさとの風景はここ、サルデーニャに移りました

紀元前から羊が飼われてきたイタリア中南部には、「ペコリーノ」とよばれるチーズがたくさんあります。「ペコリーノ」とは羊乳製チーズの総称で、通常、その後には産地の名前が続きます。

　そんな中でももっとも古いといわれるのがペコリーノ・ロマーノ、つまりローマ産ペコリーノです。ほんの10年ほど前まで塩分が強い印象のチーズでしたが、健康志向が進んだ現在では塩分はかなり控えめになり、ほかのチーズと同じように、テーブルチーズとしても十分においしさが楽しめる現代版ペコリーノへと変身しました。しっとりした若めのロマーノを、春5月の生ソラマメと合わせる伝統的な食べ方は、いま再び、人気を集めているそうです。

　しかも本来、羊乳製は高価ですが、ペコリーノ・ロマーノに関しては牛乳製のチーズより安いので、ビジネス上も欠かすことは出来ない存在です。

　ただ、チーズ全体から見ると生産量、消費量の推移は必ずしも芳しくなく、発祥の地ローマ近郊の都市化やサルデーニャでの低コスト生産技術、ＥＵの新基準による工場の建て直しなど、否が応でも生存競争にさらされています。その結果、今日、ロマーノは、90％以上がサルデーニャ島の近代工場から出荷されるようになりました。

　サルデーニャの工場を訪問したのは2000年5月のことでした。さすがアメリカへの輸出で巨大化した工場は大きく、中では凝固したカードを立方体にカット

ペコリーノ・ロマーノ

立体駐車場のような大型熟成庫には驚きました

塩をまぶすのは、まだ、手作業です

ローマのロペツ社では、カードから水分を抜くために、細長い剣のような金属の棒（フルガトゥーラ）をぶすぶすと刺していました。棒の表面にはいくつも穴があり、ホエーはここから棒のなかに入って取っ手の部分に集められ、棄てられるのです

したのち、プラスティックのすのこで巻いて寸胴に成形していました。塩漬け作業だけは機械化されず、「(塩の)すり込み職人」と呼ばれる担当が手で行っていたのが印象的でした。大きな熟成室は、今でこそあたり前の光景として驚きませんが、小さな工房ばかり訪ね歩いていた当時の私にとっては、まるで立体駐車場のように思えました。

　ところで、ペコリーノ・ロマーノはその名のとおり、もともとはローマで作られるチーズでした。その中でも 1945 年から 3 代にわたって上質のロマーノを作り続けているロペツ社を訪ねたことがあります。1997 年当時、ローマで作っている唯一の会社だと聞きました。

　しかし、2012 年にローマを訪ねたときの話では、もう、ローマでロマーナを作っている会社はない、ロペツ社はチーズの製造すらやめたよ、と聞きました。たしかに、伝統や郷愁では採算は取れない時代です。

　その話を教えてくれたローマの工房でも、リコッタは製造してもペコリーノ・ロマーノはもう作っていないとのこと。売れないチーズを作る必要はないからです。今の若者たちが作るのも、買うのも、もっと若くて手頃なサイズのチーズ。なるほど、この波はイタリアも同じなのか、と妙に納得してしまいました。

サルデーニャ島に伝わる羊乳製チーズ　熟成期間で 2 タイプあり

Pecorino Sardo
ペコリーノ・サルド

産地・指定地区

サルデーニャ州

● 県の全域
● 県の一部

サルデーニャ州全域

〈ドルチェ〉
外観
滑らかで柔らかく薄い皮。色は白、あるいは淡い麦わら色。

生地
白。柔らかくで弾力性あり。まれに小さなチーズアイあり。

風味
甘みがあり、アロマに富み、少し酸味がある。

〈マトゥーロ〉
外観
若いうちは滑らかで淡い麦わら色。熟成が進むにつれ茶色っぽくなる。

生地
若いうちは白色で弾力性あり。熟成が進むと硬くなり、場合によってはつぶつぶを感じる。まれにチーズアイがある。

風味
魅力的な辛みがある。

種　　別	半加熱、圧搾
原 料 乳	羊の全乳
熟　　成	ドルチェ（最低 20 日） マトゥーロ（最低 2 か月）
形・重量	ドルチェ：円柱形。側面はまっすぐ、あるいは若干膨らんでいる。 直径 15 〜 18cm 高さ 8 〜 10cm 重さ 1.0 〜 2.3kg マトゥーロ：円柱形。 直径 15 〜 22cm 高さ 10 〜 13cm 重さ 1.7 〜 4.0Kg
乳脂肪	ドルチェ：最低 40％ マトゥーロ：最低 35％

DOC 取得 1991 年 11 月 4 日
DOP 取得 1996 年 7 月 2 日

●製法

指定産地内に存在する乳酸菌を加えても良い。子牛から採った凝乳酵素を加え、35〜39℃で、35〜40分間で凝乳させる。

カードは、ドルチェタイプの場合はヘーゼルナッツの大きさに、マトゥーロタイプはトウモロコシの粒の大きさにまでカットする。そして、カードを最高43℃にまで温め、型に移す。

理想的にホエーを排出させるために必要な時間をかけて加熱、あるいはプレスをする。

ホエーの排出が終了したら、塩を直接かけるか、塩水に浸す。その時間は長すぎないようにし、塩の割合がチーズ100g当たり2gを超えないようにする。

熟成は気温6〜12℃、湿度80〜95%のところで行う。

表皮に防カビ剤を使ったり、オイルを塗ったりなどしても良い。またチーズを守るために食品用の無色のプラスチックで覆っても良い。

マトゥーロタイプは、自然な方法でスモークしても良い。

●歴史

18世紀後半、サルデーニャでは、大きく分けて5種類のチーズが販売されていた。それは、ビアンキ、フレーザ、スピアナトゥ、ロッシ・フィーニ(赤)、アッフミカーティ(スモーク)と呼ばれ、その最後の2つはペコリーノ・サルドの先祖ではないかと言われている。

昔は、乳を温めるために、熱く焼いた石を乳の中に入れて温めていた。

このチーズが有名になったのは、第二次世界大戦後、需要が急激に増えてからだ。

●食べ方

ドルチェタイプは、テーブルチーズとして最適で、マトゥーロは食事の締めくくりに向いている。

フレッシュな野菜に薄く切って載せても良いし、ブドウと洋梨に添えてメインとしても良い。またパンとオリーヴオイル、松の実と合わせても美味しい。おろしてプリモに振りかけて使っても良い。

ドルチェタイプ

Pecorino Sardo

美しいリゾート地サルデーニャ島にあったのは3つのDOPチーズと、あの話題のチーズ

サルデーニャというと、道路わきのこのサボテン群が印象的

乾いた大地を移動する羊たち

　地中海でシチリア島に続いて2番めに大きいのがサルデーニャ島です。美しい海に囲まれた憧れのリゾート地として、ヨーロッパの人々が多く訪れています。
　サルデーニャはイタリアという国に属してはいるものの言語、文化ともに独自のものを持っています。様々な侵略や支配の危機を経験しつつも、人々は山岳地に逃げただけで「征服」はされなかったからかもしれません。
　島を走ると、印象的なのはサボテン並木。乾燥した土地には農作物が豊かに育っているようには見えません。羊たちに自然の草を与え、その羊たちから乳や羊毛といった恵みを受け取って暮らしていた羊と人間の共生の歴史から、「ペコリーノをイタリアで最初に作ったのはサルデーニャだ」と主張する人もいます。
　とりわけ、島を代表して命名されたペコリーノ・サルドは工場の近代化も進み、製品も安定しています。昨今支持の高いまろやか（ドルチェ）タイプと伝統の熟成タイプ（マトゥーロ）の2タイプを作り分け、時代の要求にも応えています。
　さらに1990年代にはＤＯＰをもったペコリーノの中でも最も生産量が多いペコリーノ・ロマーノの生産拠点もこの島に移ってきました。つまり、いま、この

ペコリーノ・サルド

島ではもうひとつの DOP チーズ、フィオーレ・サルドも加えて、3つの DOP チーズが作られているのです。

ところで、サルデーニャ島は羊の島とも言われるだけあって、DOP のほかにも羊のチーズはたくさんあります。特に有名なのは、カース・マルツと呼ぶチーズバエの幼虫入りチーズです。このチーズはペコリーノ・サルドに意図的に成虫に卵を産ませてつくられます。現代の常識では話題性が高く、多くの人たちの興味の対象となり、サルデーニャに行ったらこれを食べるべきだと、たきつける人もいるくらいです。私はちょっと遠慮しましたが、勇気ある挑戦者の感想はぜひ、聞いてみたいものです。

もうひとつ、この島の名物に、薄焼きせんべいのような「パーネ・カラサウ」というパンがあります。羊飼いたちはいつもこれを持ち歩いていますし、レストランに行っても、かならずテーブルにあります。つくづくパンとチーズは、切っても切れない仲だと感じる1こまです。

長年、牧畜と農業を中心としていた島にも、近代工場やリゾート産業が進出して、人々の衣装も暮らしも変わってきました。それでも、島の大自然は羊たちに美味しい草と空気を与え、ペコリーノの美味しさは守り続けられています。

カットされたカードはホースで入れられます。近代工場で作られるようになり、サイズも均一になってきました

塩水のプールに漬けるのも機械化が進んでいます

サルデーニャのパンとして有名な「パーネ・カラサウ」

古代ギリシア時代の叙事詩にも語られる、地中海シチリア島の羊乳製チーズ
Pecorino Siciliano
ペコリーノ・シチリアーノ

産地・指定地区

シチリア州

● 県の全域
● 県の一部

シチリア州全域

外観
淡い黄色がかった白色。熟成が進むにつれ、琥珀色になる。籠の編み目の跡があり、熟成中に外皮に塗ったオイルが残る。

生地
黄色がかった白色。密度が高く、チーズアイは少ない。

風味
魅力的な香りがする。羊乳ならではのしっかりとした味わいがあり、少しピリッとする。

種　別　非加熱、圧搾

原料乳　加熱していない羊乳の全乳

熟　成　最低4か月

形・重量　円柱形。表面は平ら、または少しくぼんでいる。
　　　　　高さ 10 〜 18cm。
　　　　　重さ 4 〜 12kg

乳脂肪　最低 40%

DOC 取得 1955 年 12 月 22 日
DOP 取得 1996 年 6 月 12 日

●製法

製造は10月から6月まで可能で、暑い時期は1回の搾乳、寒い時期は2回の搾乳から行われる。

乳を37〜40℃に加熱して木の桶に移し、子羊の凝乳酵素を添加してカードを作る。これを米粒大にカットする。その後、40〜45℃のぬるま湯を加える。

10〜20分かけ、カットしたカードが桶の底に沈むのを待つ。そうすることにより、カードはホエーの一部を外に排出してより水分が減り、密度の高いものになる。

底に沈んだカードを桶から取り出して大きな塊にし、葦で編んだ籠に入れる。それを低い縁のついた傾斜のある作業台に乗せ、上から手で軽く圧搾することによりホエーを押し出し、カードを硬くする。

桶に残ったホエーと押し出して集めたホエーからはリコッタを作る。その後に残った液体はスコッタと呼ばれ、後のこのチーズ作りに利用する。

カードを詰めた籠を再び空になった桶の中に入れる。上から85℃でリコッタを作った残りのスコッタと呼ばれる液体を加え、ウールの布で覆い、温度が急激に下がるのを防ぐ。

この温度が45〜50℃に下がるまで2〜4時間寝かす。

籠を取りだし、再び縁のついた作業台に乗せ、24〜48時間置き、その間、籠の中で何度もひっくり返すことにより、円柱状の表面の平らな形、そして籠の編み目の跡ができる。

その後、籠から出して手作業で表面全体に塩をかける。

熟成は、涼しく風通しの良いところで、4か月から12か月かけて行う。木の棚に置き、その間、何度か上下をひっくり返し、かびが生えている場合は、布で拭き取る。表面にオイルを塗っても良い。

●歴史

このチーズの起源は大変古く、伝説的でさえある。ギリシアの神である巨人ポリュペモスが羊のチーズを作っていたと古代ギリシアの叙事詩オデュッセイアに語られているくらいである。

確かにヨーロッパで最も古いチーズの一つであり、大プリニウスは著書『博物誌』に、当時のシチリアのチーズの美味しさを書き残している。

●食べ方

フレッシュな、または熟成の長くないタイプはテーブルチーズとして。

一方、熟成したものは、パスタ料理の味わいを深めるためにおろして使うが、シンプルにパンとオリーヴと一緒に食べるのもおすすめである。

Pecorino Siciliano

● ● ●

島全体を指定地域として発展の一途
一方で、美味しい地元志向のチーズも健在

ゆっくりと次の放牧地へと歩く羊の集団と羊飼いが車道をふさぐ。おとなしい羊たちは牛と違い、カメラを持って向かっていく人間に立ち止まってくれます

　イタリア半島のつま先に蹴飛ばされそうな位置にある島シチリアは、地中海で最も大きな島です。交通の要衝として重要な位置にあったためフェニキア、ギリシア、ローマに始まり、その後も様々な文明の洗礼を受けてきました。

　全体に山がちで雨も少なく、土地は乾燥してごつごつとした印象ながら、ブドウ栽培は紀元前8世紀から、チーズは紀元前9世紀までさかのぼることができます。その後、冬でも温暖な気候を生かしてかんきつ類の栽培が盛んになり、ほかにも季節によってアーモンドやオリーヴの緑の葉が、さわさわと風にそよぐ景色が見られます。

　それでも、昔から放牧で暮らしてきた人々にとって牧草が十分でない時代は長く、羊乳製チーズ、ペコリーノの歴史は「血と涙の歴史」といわれてきました。

　現在、この島にはDOPを持つチーズとして羊乳製が3個、牛乳製が1個ありますが、これらの中でももっとも古くからシチリア島全体を原産地名称保護地区

ペコリーノ・シチリアーノ

4か月熟成した後、協会の審査に合格したら焼き印が押されます

として指定されていたのが、このペコリーノ・シチリアーノです。

　ただ、昔から各家庭で作られていた伝統のチーズであればあるほど、作り手によって羊の飼育頭数も異なれば、季節によっての乳量の差も大きいものです。したがって、DOPの規定でも1個の重さは4〜12kgと許容範囲が広く、高さや直径も幅が広い。現地で聞いた話によると、島の東部では背は低く、西部では高い、といったことが言えるそうです。

　実は、原産地名称保護チーズとして初めに認証された旧制度のDOCの時代は、今日のように細かくコントロールされていませんでした。黒こしょうは入れるのか、入れないのか、製法や熟成期間のきまりごとなど、細かいことはなかなか確証がとれなかったことも事実です。

　しかし数年前から、ペコリーノ・シチリアーノもほかの多くのチーズと同じように協会の審査を受けて合格したものには焼き印を押すことが決まりました。ただし、焼き印をもらえるのは、協会に所属した生産者のみ。つまり、DOPにこだわることなく作られ、地元で消費されている圧倒的な量のペコリーノには、そんな焼き印はついていない、ということでもあるでしょう。広い市場をにらんで発展していくものと、地元で愛され続けるものと、両方あるから楽しみもあるのです。

　現地では、同じペコリーノ・シチリアーノの作り方でも、熟成を4か月も待たず、製造後1週間から10日ほどで食べる「プリモ・サーレ（初めの塩という意味）」と呼ばれるチーズがありました。そのままでは酸味は強いものの、羊乳特有の甘みが感じられます。薄くスライスして塩、こしょう、刻んだミントとオリーヴオイルをかけるといっそうおいしい一皿になりました。

　また、ペコリーノ・シチリアーノとは呼べませんが、中央に黒こしょうや赤唐辛子を挟んだものも人気だとか。

　長く生活の中で愛されてきたチーズ文化ゆえに、さまざまな味わいが生まれていく。案外、こんなところにもっと美味しいチーズが隠れているかもしれません。

中部イタリアの羊乳チーズ。熟成度合いで 2 種類あり

Pecorino Toscano
ペコリーノ・トスカーノ

産地・指定地区

● 県の全域
● 県の一部

トスカーナ州の全域、ウンブリア州の一部、ラツィオ州の一部

種　　別	非加熱、圧搾
原 料 乳	羊の全乳
熟　　成	フレスコ：最低 20 日 スタジョナート：最低 4 か月
形・重量	円柱形。上下面は平ら。側面は少し膨らんでいる。 直径 15 〜 22 ㎝ 高さ 7〜11 ㎝ 重さ 0.75 〜 3.5 kg
乳 脂 肪	フレスコ最低 45% スタジョナート最低 40%

外観
外皮は総じて黄色。フレスコは淡い黄色、スタジョナートは茶色味を帯びている。
スタジョナートタイプは、トマトや食用の灰、オイルを使ってトリートメントをしても良い。その場合には、外皮は黒や赤みがかる。

生地
フレスコは弾力性があり、白あるいは淡い麦わら色。スタジョナートは緻密でねっとりとしていて麦わら色。まばらにチーズアイがあることもある。

風味
フレスコはむっちりとした食感で、あっさりとしている。
スタジョナートはコクと、羊乳特有の甘いフレーバーがある。

DOC 取得 1986 年 5 月 17 日
DOP 取得 1996 年 7 月 2 日

●製法

　原料乳に、現地の自然の乳酸菌を加えて35〜38℃に温める。子牛から採った凝乳酵素を加えると20〜25分で凝固する。

　フレスコは、カードをヘーゼルナッツの大きさにカット、スタジョナートはトウモロコシの粒の大きさにカットする。

　スタジョナートにするカードは、40〜42℃で10〜15分間加熱しても良い。

　カードはこの後型に移し、ホエーを排出させる。そのためには、手でプレスするか、蒸気を利用して温める。

　加塩は、塩水に浸すか、直接塩をする。

　フレスコは1kgに付き最低8時間、スタジョナートなら少なくとも12〜14時間、塩水に浸す。

　周りに防かびの処理をしても良い。

　熟成は気温5〜12℃、湿度75〜90%の部屋で行う。期間はフレスコで最低20日、スタジョナートは最低4か月。

●食べ方

　地元では容器にこのチーズを入れ、粒こしょうとローリエを加え、オリーヴオイルをチーズが隠れるまで入れて保存する。

　熟成したものは、おろして使っても良い。トスカーナ料理の黒キャベツと白インゲン豆の煮込みスープ・リボッリータにかけたり、プリモや肉をベースにした料理にも合う。

　季節の野菜や果物、ジャムや蜂蜜と合わせても楽しい。

　フレスコは白ワイン、スタジョナートは赤ワインを添えるのがおすすめ。

●歴史

　トスカーナ地方での羊の飼育はエトルリア人の時代（紀元8〜1世紀）にまで遡る。しかしながら、ペコリーノ・トスカーノの歴史的な記録はローマ帝国の時代である。

　このチーズは、15世紀にはカーチョ・マルツォリーノという名前で知られていた。マルツォリーノとは、マルツォ（3月）という意味で、このチーズは3月に作り始め、春の間中作り続けられていた。

　すでに19世紀には、このチーズの作り方は決められていたくらい古い。

Pecorino Toscano

ペコリーノ・トスカーノを作りながら仲間と暮らす人々

　ペコリーノ・トスカーノは、イタリアの羊乳製チーズとしてはもっとも有名ですが、他の地域と比べると小さな農家はほとんどなく、中規模の酪農工場ばかりです。トスカーナ産のワインやオリーヴオイルには小さな生産者が多いことを思うと、家畜を飼ってチーズを作るのは休日のない労働になってしまうため、やはり仕方ないことなのかもしれません。

　トスカーナでは第二次大戦後に急速に離農が進んだため、トスカーナ原産の羊はどんどんと減り、そのかわり、サルデーニャから多くの羊と羊飼いがやってきました。現在845軒の羊乳農家が協会に登録されていますが、そのほとんどはサルデーニャ人だそうです。

　そんななか、この地にチーズ製造を核に一つの共同体が生まれています。1977年にスタートしたイル・フォルテート社です。荒れ果てた教会や農家を立て直すため、志を同じにする仲間15人が1972年からこの村に通い、共同酪農場を建てたのです。600ヘクタールの土地と朽ち果てた家や教会を55万ユーロ（当時はリラ）で購入して道を造り、水道を整備しました。たった3頭の牛と40頭の羊を飼うところから始めたチーズ事業が今日ほど大きく成長したのは、営業を担当し

ペコリーノ・トスカーノ

ていたステファノ・サルティの情熱があったからこそでしょう。

私が彼を初めて訪ねたのは1990年代の中ごろでした。良質なペコリーノ・トスカーナをはじめ、多くの種類のチーズを持っていたことが取り引きのきっかけとなりました。

学生時代からイル・フォルテートに通い、いまではすっかりステファノの右腕として活躍するフランチェスコ。キャンバーガーの販売も楽しそう

トスカーナの丘陵地に「強い森」集団の桃源郷

フォルテートはトスカーナ州フィレンツェから北へ30km、ヴィッキオという人口1万人にも満たない村にあります。森に囲まれ、冬の寒さは厳しいため、ここで農業で生きていくには強い意志が必要ということで、社名の「フォルテート（森の意味）」に「フォルテ（強い、の意味）」も含ませての命名と聞きました。

当時は宿泊するところもなく、フィレンツェから日帰りでした。仲間たちが集まる食堂でランチをすませるとフィレンツェまで送ってもらったり、翌日はまた迎えに来てくれてペコリーノ・ディ・フォッサに案内してもらったりしたことを、今も懐かしく思い出します。

その後も日帰りで何度か遊びに行きましたが、あるとき、ゲストハウスが完成したので招待したいとの連絡がありました。2011年秋に訪れてみると、またまた増えているフォルテートのファミリー！ 志を同じく集まった人々はこの時点で20家族80人の大所帯になっていました。食堂のテーブルにはペコリーノ・トスカーノだけでなく、フォルテートのオリジナルチーズもずらりと並んでいましたから、ますます発展を見せているようです。

さて、2014年9月、北海道で様々な事情を抱えた人々と共同生活を送りながら農業やチーズ作りをする宮嶋望さんを誘って再訪しました。ハンディキャップの人たちが生き生きと働くイル・フォルテートと宮嶋さんの共働学舎が私には重なって見えていたからです。

実は訪ねたこの週末、フィレンツェのカシーナ公園で農業祭があり、フォルテー

Pecorino Toscano

トのメンバーはとても忙しくしていました。フォルテートのブースの目玉は、なんとチーズではなく「キャンバーガー」。キャンバーガーとは造語で、肉牛として有名なキアニーナ（キアーナ）牛100%のハンバーガーという意味です。さらなるウリは、パンも野菜もすべてが自家製だという点。イル・フォルテートのスタッフが一丸となって楽しそうに仕事をする姿は、見ていてとても気持ちのよいものでした。

購入した羊農家のひとつ。メンバーが管理運営しているそう

　農業祭を楽しんだあとは、午後4時過ぎにフォルテートに隣接する同社のスーパーマーケットの中で待ち合わせ。このスーパーも訪問のたびに進化していて、地元の人々だけでなく遠くからの買い出しの人たちにも愛されている様子がまざまざとみてとれました。

マレンマーナ犬。近づいたらほえられてしまいました

　日が沈む前にと、ステファノは私たちを羊農家に案内します。同社は今もミルクを近隣の農家から買っていますが、2軒の羊農家も購入したそうです。ちょうど夕方の搾乳が終わっていましたが、トスカーナの美しい夕暮れの景色と羊たち、それに羊の群れから片時も離れず一生を終えるのだという白い番犬、マレンマーナ犬にも遭遇することができました。

フォルテートのチーズ工場。これでイタリアでは中規模

　翌朝、チーズ工場を訪れると、「チーズの反転作業は誰にとっても重労働。なんとか軽減したくてね」と、機械化を進めている話を聞きました。いつもこれでいい、と立ち止まることなく仲間たちのことを考えるステファノと、ハンディキャップを持った人たちが生き生きと働くフォルテートはさらに発展しそうと、確信した旅になりました。

優しさと情熱で共同体を率いる

ステファノ・サルティさん

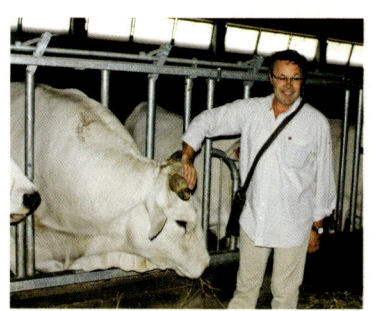

イル・フォルテート社は、前会長のロドルフォ・フィエーゾリさんという一人の指導者のもとに始まりました。いま、その志を継いで同社を率いるステファノは、当時彼の教え子で、学生だったそうです。

ここには様々な事情で集まってきた家族がいますが、彼自身もまた、3人の子供を育ててきました。それぞれに問題を抱えた子供たちを引き取って自分の子供として育てるには、きっとたくさんの辛いこともあったでしょう。

穏やかな人柄のステファノ・サルティ。ただいまキアニーナ牛、売り出し中

ところで心優しくも涙もろく、けれど、好奇心旺盛なビジネスマンでもある彼が、いまチーズと同じくらい力を入れているのがキアニーナ牛の飼育です。2012年にはなかったキャンバーガーがすでに成功している今、次に計画しているのがスーパーで肉を買ったら、いつでもフォルテートの敷地内でバーベキューができるようにすることです。

さらに、フォルテートを取り囲んでいる森林から得られる大量の木をチップにしてエネルギーに変えることにも着手。この技術はドイツから学んだそうで、今では同社のエネルギーの100％が賄えるまでになっていると聞いて、驚いてしまいました。

フォルテートは、夢を持って着実に実現させていくステファノの人生そのもの。今度は何で驚かせてくれるのか、今から次の訪問が楽しみでなりません。

ゲストハウスも完備して、ますます充実のフォルテート

仲間たちと仕事談義に花を咲かせるフォルテートの食堂

サフランと黒こしょうを加えるシチリア島の羊乳製チーズ
Piacentinu Ennese
ピアチェンティヌ・エンネーゼ

産地・指定地区

シチリア州

● 県の全域
● 県の一部

シチリア州エンナ県の一部

外観
サフランを使用しているので、濃いめの黄色。アシの籠の目の跡と、オイルの塗った跡が見られる。皮の厚みは 5mm 以下。

生地
濃いめの均一な黄色。少しチーズアイがある。

風味
繊細で、サフランのアロマを感じる。軽めの塩味だが、熟成が進むと辛みが強く出てくる。

種　別	非加熱、圧搾
原料乳	羊乳、全乳
羊の種類	シチリアの土着品種のコミザーナ羊、ピンズィリータ羊、ヴァッレ・デル・ベーリチ羊およびこれらの交配種
熟　成	最低 60 日
形・重量	円柱形。側面はやや膨らみがあるか、またはまっすぐ。上下面は平らまたは少しへこんでいる。 直径 20 〜 21 cm 高さ 14 〜 15 cm 重さ 3.5 〜 4.5 kg
乳脂肪	最低 40%

DOP 取得 2011 年 2 月 14 日

148

● 製法

このチーズの原材料の特徴として、この生産地区で採れたサフラン、黒い粒こしょう（使用前に80℃以上の熱湯に数秒浸す）、真っ白の粒状の塩を使うという点が挙げられる。

まず、1回または2回の搾乳で集めた羊乳の全乳を38℃まで加熱し、木製の桶に入れる。そこへ、乳100ℓに付きぬるま湯で溶かしたサフランを、乾燥重量で最高5g分加える。こうすることにより、均一な仕上がりになり、この時点で乳は濃い黄色になる。

その後、乳100ℓに付き100gのペースト状の子羊または子山羊の凝乳酵素を添加すると45分ほどで凝固する。

手で触って、ほどよい硬さになったか、ホエーが透明になったかなどを確認して、カードを米粒大にカットする。75℃の湯を乳100ℓに対して10ℓの割合で加えて、カットされたカードをかき混ぜ続けることにより、ホエーの排出を促進させる。

カードはお互いにくっつき合い、桶の底に沈む。それを木かスチールの縁付きで傾斜のついた作業台に引き上げ、大きめにカットする。

その後、アシの籠にカードと粒こしょうを交互に入れていく。カードを入れるごとにホエーを排出させるために、強くプレスする。

その後、アシの籠ごと木の桶に入れ、リコッタを作った残りの液体スコッタを温かいまま加え、3～4時間寝かせる。

4時間たったら、工房の室温に置いて24時間乾燥させる。

加塩は籠から出して直接、表面に行い、10日後にもう一度加塩する。

熟成は、製造開始日から少なくとも60日間をかける。熟成の環境は、このチーズの生産指定地域内の、温度8～10℃、湿度70～80%の部屋で行う。

● 歴史

このチーズの歴史は大変古く、羊乳製のチーズ作り、またサフランの栽培にも深く関わっている。

サフランを加えるという習慣は、11世紀のノルマン人が支配していた時代に遡ると言われる。ノルマン人のルッジェーロ伯は、うつ病でチーズが大好きだった妻を元気にするためにサフラン入りのチーズを食べさせた、という伝説が残っている。確かにサフランは刺激剤で活力を与える。

● 食べ方

テーブルチーズとして、または、エンナ地方の伝統料理である鳥のスープのパスタや子山羊料理に使う。

Piacentinu Ennese

...

近代的な工房に、伝統の道具
グリルが美味しいと、産地のアドバイス

10月の訪問は季節はずれ。天候の悪さも加担して、到着までドキドキ。でも春は緑の草原が気持ちよく広がっているはずです

土着品種の羊たちは耳がたれてかわいいこと

　シチリアで3つ目に認定されたDOPチーズですが、その歴史はローマ時代の文献にも登場するという伝統のあるチーズです。黄色い生地に黒い粒こしょうが目立つ鮮やかな姿のこのチーズのことは、長い間、気になっていました。そんなピアチェンティヌ・エンネーゼの生産現場を訪ねたのは、DOPになる4か月前の2010年10月のことでした。

　指定産地は、シチリア島の中央部にあるたった1つの県で、それもその一部という狭いエリアです。地元の観光バスの運転手も行ったことがないような内陸部に幹線道路から外れて1、2時間走るものの、人家もなければ対向車もいません。乾いた荒野を走る間の不安なことといったら…。と、突然、南欧風の平屋建てが見えてきました。なんと素敵なアグリトゥリズモでしょう。ここは毎日羊の乳でチーズを作り、宿泊客にそれを見せてもくれる「CASAL GISMONDO」という農家民宿です。

　建物は近代的で快適。アトリエもモダンでしたが、チーズ作りに使われているのは、栗の木で作られた桶や葦で作られた籠など、きちんと伝統を踏んでいます。翌朝の見学では、ろ過して桶に集められた乳に、サフランを乳鉢でつぶして色素をぬるま湯に溶かし出した液体と凝乳酵素を加えるところから見せてくれまし

ピアチェンティヌ・エンネーゼ

た。待つこと45分。しっかり固まったら、ルオートラruotolaと呼ぶ棒で突いてカードを壊していきます。細かくなったカードに湯を入れ、混ぜ続けてホエーを排出させます。撹拌をやめるとカードは静かに桶の底に沈んでいきました。

　沈んで固まったカードは、すくい出して葦の籠に詰めていくのですが、籠に一塊入れては黒こしょうをぱらぱらと振り、隙間ができないように手のひらで上からぎゅう、ぎゅうと押さえる。これを繰り返して籠いっぱいにカードが詰まったら型詰め作業は終わり。残ったホエーは銅鍋に移し、リコッタ製造が行われます。

　一方、ホエーがなくなってカラになった木の桶に、さっき詰めたチーズを籠ごと置きます。そこへ、リコッタを作った残りのまだ熱いホエーを注ぎ、3～4時間漬け込んでおきます。なぜ？と質問すると

　「昔からの知恵なんだ。こうすると悪性のバクテリアを防ぐことができてチーズの保存性がよくなるんだよ」と答えてくれました。

　このあと、ホエーから引き上げたチーズは24時間ほどおいてから籠から出し、塩をまぶして熟成させていきます。途中何度も表皮を磨いては反転させる、という手入れを続けて約2か月でチーズは完成です。

　美しい色合いなのでテーブルチーズとして華を添えそうだと思っていたら、グリルにして食べるのがオススメだとか。さらに、4か月を過ぎると辛味が際立ってくるので、早めに食べたほうがいい、と現地の人が教えてくれました。

ペースト状にした子羊の凝乳酵素

桶の底にたまったカードを一塊ごと手ですくい出しては籠に詰めます

カードの上に、粒こしょうを振ったら、上からぎゅうぎゅう押さえてホエーを抜きます

出来立てのカードの塊を桶の底に籠ごと入れて、リコッタを作った後のまだ熱いホエーを注ぎます

20日から18か月と幅のある熟成。味わいも様々に楽しめるチーズ

Piave
ピアーヴェ

産地・指定地区

● 県の全域
○ 県の一部

ヴェネト州ベッルーノ県全域

種　別	加熱、圧搾
原料乳	牛乳
牛の種類	イタリアのブルーナ・アルピーナ牛、ペッツァータ・ロッサ牛、フリゾーナ牛
形　状	円柱形

種　類　Fresco（フレスコ）：
熟　成　20～60日
　　　　直径 320mm±20mm
　　　　高さ 80mm±20mm
　　　　重さ 6.8kg±1kg
乳脂肪　33%±4%
プロテイン　24%±4%

種　類　Mezzano（メッツァーノ）：
熟　成　60～180日
　　　　直径 310mm±20mm
　　　　高さ 80mm±20mm
　　　　重さ 6.6kg±1kg
乳脂肪　34%±4%
プロテイン　25%±4%

種　類
熟　成　Vecchio（ヴェッキオ）：
　　　　最低6か月
　　　　直径 290mm±20mm
　　　　高さ 80mm±20mm
乳脂肪　重さ 6.0kg±1kg
プロテイン　最低35%
　　　　最低26%

種　類
　　　　Vecchio Selezione Oro
熟　成　（ヴェッキオ・セレツィオーネ・オーロ）：
　　　　最低12か月
　　　　直径 280mm±20mm
　　　　高さ 75mm±20mm
乳脂肪　重さ 5.8kg±1kg
プロテイン　最低35%
　　　　最低26%

種　類
　　　　Vecchio Riserva
熟　成　（ヴェッキオ・リゼールヴァ）：
　　　　最低18か月
　　　　直径 275mm±20mm
　　　　高さ 70mm±20mm
乳脂肪　重さ 5.5kg±1kg
プロテイン　最低35%

DOP取得 2010年5月21日

外観
Fresco タイプは柔らかい皮。熟成が進むと、皮が厚く、硬くなる。
Vecchio タイプになると、さらに硬くなり、色も黄土色になる。

生地
チーズアイはない。Fresco タイプは均一した白。熟成が進むにつれ、色は麦わら色がかり、生地は粗くなり、もろくなる。
Vecchio、Vecchio Selezione Oro、Vecchio Riserva は剥がれるような薄い層になる。

風味
Fresco、Mezzano は甘みがあり、乳の風味がある。熟成が進むに従い塩気が感じられ、しっかりした味わいになり、もっと熟成するとピリッとした辛みがある。

●**製法**
　最高 4 回分の搾乳分まで一緒に混ぜて良い。ただし 1 回目の搾乳後、72 時間以内に製造を開始すること。
　脂肪分が高い場合には、遠心分離機を使い、乳脂肪を 3.5±0.3％まで下げる。
　原料乳は 72℃±2℃で 16 秒殺菌する。
　35℃に加熱した乳に、許容範囲のリゾチームを加えても良い。前日の微生物の繁殖した乳（0.1～0.5ℓ/100ℓ）、またはホエー（0.3～0.9ℓ/100ℓ）を加える。
　34～36℃に加熱する。凝乳酵素を添加（最低 50％キモシン）し、10～20 分休ませる。
　カードを米粒大にカットする。44～47℃で加熱し、寝かした後、かき混ぜる（合計 1.5～2 時間）。
　その後、カードを引き上げ、型に入れて成形。圧搾してホエーを排出させる。
　Piave の印を入れて寝かせる。表面に製造年月日がわかるようロット番号をつけた後、最低 48 時間塩水に漬ける。
　気温 8～14℃、湿度 70～90％の部屋で規定の期間、熟成する。

●**歴史**
　ピアーヴェとは、ベッルーノ県を北から南に走る川の名前である。親から子へと家庭で作り継がれてきたチーズである。
　1800 年代後半には、このチーズ作りのために、イタリアで一番古い山岳地帯の共同工房が建てられた。

●**食べ方**
　熟成の若いものはテーブルチーズとして、熟成したものは、おろして。
　また、玉ねぎ、牛の骨髄、ワインをベースにした地元の煮込みスープ、ズッパ・ベッルネーゼに Fresco タイプは欠かせない。
　かんきつ類や、アーティチョーク、エンダイブのサラダにスライスして載せても美味しい。

Piave
●●●

新DOPは、名もない伝統チーズの出世物語

チーズの名前の由来になったピアーヴェ川

イタリア北東部に位置するヴェネト州、その中でも最北の県がベッルーノ。世界自然遺産のドロミテ渓谷を擁する景色の美しいところです。このベッルーノの大地を潤しながらアドリア海に注いでいるのがアルプスから流れるピアーヴェ川。この川の名前がついた山のチーズ「ピアーヴェ」の歴史が1960年に始まり、それほどに新しくしてDOPをとったことにも驚きましたが、生産者がたった1社、それも大手乳業会社のラッテ・ブスケ社と聞いてさらに驚きました。

というのも、1996年の春、私は一度同社を尋ねていたのです。けれど、当時、モンターズィオの小さな生産者を追っていた私にとってラッテ・ブスケ社は巨大すぎて、そこにピアーヴェがあったことなど気にも留めなかったというのが正直なところでした。

改めて訪問したのは2012年の5月のことでした。

ラッテ・ブスケ社の歴史は、1954年にまでさかのぼるそうです。村ごとにあった36の酪農工場が、効率化を図ってひとつにまとめられたのが事の発端です。それまで名前も持たず、それぞれの土地で消費されるだけだったチーズが、道路が整備されて乳がスムーズに運べるようになり、チーズが製造から熟成までオートメーションで効率的に作られるようになったおかげで、勢いづきます。名前がつき、1985年にはＤＯＰ申請のための協会も発足されて待つこと25年。みごとDOPを取得した今日では400軒の農家の牛乳から年間35万個ものピアーヴェを生産できるほどになったのです。

ピアーヴェ

　法律では決められていませんが、ここで扱う乳の80％はこの土地の牛、ブルーナ・アルピーナ牛かペッタ・ローサ牛で、この乳質のよさが品質の最大の鍵を握っているとのことでした。工場ではアズィアーゴやモンターズィオも依然作っていましたが、最も多いのはピアーヴェとは、さすが地元自慢のチーズです。

　ピアーヴェは、5つの熟成段階に応じて呼び方が変わります。一番人気は2段階目の「ピアーヴェ・メッツァーノ」と呼ばれる熟成2〜6か月のもの。塩味が控えめで穏やかな味わいで、余韻にパイナップルの甘い香りが感じられます。

　工場の中ではほとんど人の姿を見なかったのに、社屋に併設されているショップにはスタッフが15人も働いていました。それもそのはず、買い物客がひっきりなしに訪れるのです。ドロミテに向かう幹線道路に面していることや、良質のチーズが低価格で買えることも人気の要因なのでしょう。見ていると、1玉6Kgもあるピアーヴェを丸ごと買っていく人も珍しくありません。これからさらに、子どもたちの遊べる場所やカフェも造って、地元の人が活用できる場所にするのだとの説明に、新しいDOPチーズの役割を見た思いでした。

人気はなくても、工程は小気味いいほどスムーズに流れていきます

磨き終えたピアーヴェは、木の棚に並べられ、そのまま熟成室に運ばれていきます

併設のショップには、ひっきりなしに買い物客が訪れていました

パイナップルのような甘い余韻のピアーヴェ

限定小範囲で作られる、カチョカヴァッロ似の熟成型パスタフィラータ

Provolone del Monaco
プロヴォローネ・デル・モーナコ

産地・指定地区

カンパーニア州

● 県の全域
○ 県の一部

カンパーニア州ナポリ県の一部

種　別	パスタフィラータ、セミハード
原料乳	牛乳の生乳
牛の種類	最低20%はアジェロレーゼ牛、残りの80%は指定地区内のフリゾーナ牛、ブルーナ・アルピーナ牛、ペッツァータ・ロッサ牛、ジャージー牛、ポドーリカ牛、地元種のメッティチ牛
熟　成	最低6か月
形・重量	メロンを細長くした形 重さ　最低2.5 kg、最高8 kg
乳脂肪	最低45%

外観
薄い、艶のある皮に覆われている。黄ばんで少し色が濃い部分もある。ぶら下げるために使用したラフィア（ヤシの一種）のひもの跡が残っている。このひも3本によって表面が6つに分かれる。

生地
黄色味がかったクリーム色で弾力性があり、身が詰まって、柔らかい。ひびは入っていない。直径5 mmから時に12 mm程度のチーズアイがあることもある。

風味
甘みにあふれ、バターっぽい風味。熟成が進むに従い、辛みが強くなる。

DOP取得 2010年2月9日

● 製法

原料乳を 34 〜 42℃に温め、子山羊のペースト状の凝乳酵素、あるいは子牛の自然な液体状の凝乳酵素のどちらか、または両方を混ぜて（最低 50%は子山羊の凝乳酵素を使用すること）添加する。40 〜 60 分でほどよい硬さのカードが出来上がった時点で数分待ち、まずヘーゼルナッツほどの大きさにカットし、その後トウモロコシの粒ほどの大きさにまでカットする。20 分寝かせる。

48 〜 52℃まで温度を上げ、それが 45℃以下にならないように注意しながらカードをさらに最高で 30 分寝かせる。

その後、カードをホエーから引き上げ、麻の布、またはステンレス製の穴の開いた籠に入れ、熟成させる。

熱湯に浸したカードを試しに引き伸ばして弾力性と強度を見極めたら、85 〜 95℃の熱湯の中で、手作業で引き伸ばし、決められた形にする。その後、冷水に浸して硬くし、塩水に漬ける。塩水に漬ける時間は 1kg 当たり 8 〜 12 時間である。

2 個ずつ対にしてぶら下げ、10 〜 20 日間室温で熟成を促し、その後 8 〜 15℃で最低 6 か月熟成させる。この間、生えてきたかびを洗って取り除き、場合によっては油を塗る。この油はソレント半島産 DOP のエキストラヴァージンオイルを使用しなければいけない。

● 歴史

ソレント半島のラッターリ山では、すでに紀元前 264 年には、マルケ州から来て住みついていたピチェンティーニ人が家畜を飼っており、乳製品を作っていたという記録が残っている。

その後、何世紀もの間に彼らが飼っていた牛から選び抜かれた交配種が生まれ、1952 年、当時の農林省がアジェロレーゼという名前をこの牛に与えた。

この地域は海から数 km 内陸部に入ったところだが、標高の差が激しく、この地域ならではの植物相が存在し、かつ、何世紀もの間、受け継がれ、改善されて独自の風味のチーズが生まれた。

プロヴォローネ・デル・モーナコがいつから存在するかは定かではない。

このチーズは高価で、貧しい地元では買い手がつかなかったため、ナポリに売りに出されるようになったという。真夜中、海辺までラバの背に乗せて運び、その後ナポリ行きの船に積み替えたが、その時、夜の海の湿気から守るためにチーズを修道服のような大きなマントで覆った。ナポリで待ち受けている商人たちが、まるで修道士のような様相のそのチーズを見て、修道士（モーナコ）と呼ぶようになったのが、このチーズの名前の由来である。

● 食べ方

様々なナポリの伝統料理の材料として使われているが、テーブルチーズとしても良い。とりわけ、熟成の進んだものは、バジリカータ州の DOCG ワイン "アリアーニコ・ディ・ヴルトゥレ"との相性が素晴らしい。

Provolone del Monaco

●●●

ナポリの海岸近くで作る新DOPチーズはアロマが香る、ぽってり風船形

　2012年10月、ローマから南に4時間。ナポリを過ぎ、壮大なヴィスビオ火山も通り過ぎ、ナポリ湾ソレント半島の断崖絶壁、ヴィーゴ・エクセンセに到着しました。2010年に新しくDOPに昇格したプロヴォローネ・デル・モーナコを訪ねての旅です。

　やっとのことでたどり着いた工房は、美しい海を見下ろす場所に家族経営らしいのどかなムードで建っていました。両親が立ち上げた工房を継いでいるのは4人の息子たちです。中ではすでにチーズ作りが始まっています。

工房の向かいの2階では、チーズを吊るす紐を作っています。「生産量が増え、手が足りないので、朝5時から従妹が来て作ってくれてるのよ」とマンマ

2階の紐作りの部屋からは、海が見えました

　山から運び込まれた乳を65℃10秒で殺菌し、子牛の液体状の凝乳酵素と子山羊のペースト状の凝乳酵素を混ぜたものを加えて乳を固めます。その後、カードをカットし、48℃まで温度を上げながら撹拌。そして、ホエーを分離して保存し、カチョカヴァッロと同じように寝かせて熟成させます。この工房では1日置いて乳酸発酵を促していました。

　翌朝は、一晩置いて水分が抜けたカードをカットしたところに熱湯を注いで練っていきます。ここでは練る工程を15年前から機械化したおかげで、滑らかで均一な塊を作ることができるようになったそうです。これをカチョカヴァッロの

プロヴォローネ・デル・モーナコ

ように成形して、ステンレスの型に入れて冷水で冷やします。

　これをまた、このまま一晩置き、翌日型から抜いて塩水で引き締めたら地下のカーヴでじっくり熟成に入ります。

　地下のカーヴも見せていただきました。ずらりと吊るされたプロヴォローネ・デル・モーナコは青かびをしっかりまとって美しく並んでいました。規定どおり6か月も置いておくと、このようにかびに包まれるのだそうです。

水分を抜いて1日おいたカード

細かく刻んだカード、ここに熱湯を入れます

なめらかな生地を成形して、ステンレスの型に

　試食にと用意して下さったのは、そんな熟成6か月のプロヴォローネ・デル・モーナコでした。お勧めは1年以上熟成させたものだそうですが、6か月でもコクがあって、十分美味しいものでした。

　当時で生産者は16軒、年々マイルドな嗜好に傾いているとはいえ、地元ではぴりっとした風味を求める人が多いため、山羊の凝乳酵素を使用する生産者が多いそうです。

　原料乳の20％以上はアジェロリーナ牛の乳を使うこと、という法律は、絶滅の危機に瀕した地元の牛の保護のため。フレーバーのすばらしい乳を出すのだそうです。アジェロリーナ牛の故郷アジェロ村まで17km。とても時間が足らず、後ろ髪を引かれる思いいっぱいで、次の目的地へと移動しました。

見事な長期熟成もの

北イタリアに根付いたパスタフィラータ、ドルチェとピカンテの2種類
Provolone Valpadana
プロヴォローネ・ヴァルパダーナ

産地・指定地区

● 県の全域
● 県の一部

ロンバルディア州クレモナ、ブレーシア各県の全域、ベルガモ、マントヴァ、ローディ各県の一部、ヴェネト州ヴェローナ、ヴィチェンツァ、ロヴィーゴ、パドヴァ各県の全域、エミリア・ロマーニャ州ピアチェンツァ県の全域、トレンティーノ＝アルト・アディジェ州トレント県の一部

種　　別	パスタフィラータ
原料乳	牛の全乳
熟　　成	4 kg 以下：最低 10 日間 4 kg 以上 10 kg 以下：最低 30 日 10kg 以上またはピカンテタイプ：最低 90 日
形・重量	サラミ形、メロン形、円すい形、洋梨形、ひょうたん形。 重さ 500g〜100 kg（6 kg までのものは短期熟成、6 kg 以上のものは、通常最低でも 3 か月の熟成を経たもの）
乳脂肪	最低 44%

外観
薄くて滑らかな外皮。表面は艶やかで、黄金色、または茶色がかった黄色。

生地
緻密で、まれに小さなチーズアイがある。パスタフィラータならではの裂け目があることもある。淡い麦わら色。

風味
甘みがありデリケートな味わいのドルチェタイプと、ピリッと辛みのあるしっかりした味わいのピカンテタイプがある。スモークしたものもある。
概して熟成 3 か月未満のものはデリケートな味わい。子山羊あるいは子羊の凝乳酵素を使用し熟成期間が長いものは、ピリッとした辛みがある。他に類を見ない大きいパスタフィラータのチーズであり、長期熟成にも向いているが、おろしチーズには適さない。

DOC 取得 1993 年 4 月 9 日
DOP 取得 1996 年 6 月 12 日

● 製法

凝乳酵素は、授乳中の子牛、子山羊、または子羊から採取したものを使う。山羊と羊はそれぞれ単独でも混合しても構わない。また、1日半寝かせた前日のホエーをスターターとして使う。

ドルチェタイプを作るときは、子牛のみ、あるいはそこに子山羊や子羊の凝乳酵素を加え、36〜39℃で凝固させる。ピカンテタイプは子山羊や子羊の凝乳酵素で凝固させる。脂肪分解酵素は加えてはいけない。

原料乳にスターターと凝乳酵素を入れて固まったカードは37℃で15分ほど寝かし、その後、トウモロコシ粒大にカットする。

鍋の温度を49〜50℃まで上げて撹拌。ホエーを排出させ、ステンレスの台の上に取り出す。台の上で、酸度を上げるため、何時間か寝かせる。ドルチェタイプはpHが4.90〜5.20、ピカンテタイプはpHが4.80〜5.00になった時点で引き伸ばすテストを行う。重量10kg以上のものには保存剤E239の使用が認められている。

カードをカットし、専用容器に入れて細かく砕き、熱湯(70〜80℃)を入れて練る。この作業をフィラトゥーラという。その後、成形する。

形が整ったら15℃以下の塩水プールに浸し、加塩する。サイズによって所要時間は異なるが、最低でも数時間、場合によっては30日間にわたる。

乾かした後、気温が最高18℃、湿度が最高90%の熟成室で熟成する。この間、出来上がったチーズの特徴に変化を与えない材質で、周りを覆うことが許される。

● 歴史

このチーズの生まれは19世紀半ば。1861年のイタリアの統一で、南北の文化の交流が簡単になり、南イタリアの投資家たちがパスタフィラータの技術を牛乳が豊富でチーズ作りが盛んであったパダーナ渓谷持ち込んだことを発端に、イタリア各地でこのタイプのチーズが知られるようになった。

先駆者として知られている人物には1870年にブレーシア県で生産を始めたマジョッタ兄弟、ローディ県のジョヴァンニ・カルボネッリ氏、クレモナ県のジェンナーロ・アウリッキオ氏などがいる。

1871年には、農業辞典に"プロヴォローネ"という単語が出ている。

現在、パダーナ渓谷には大きなチーズ工場がたくさん存在し、この地方で採れる牛乳はサイズの大きいチーズを作るのに適している。

● 食べ方

熟成3か月以内のものはテーブルチーズとして、6か月、1年と熟成の長いものは料理用に向く。

ドルチェタイプは、サイコロ形にカットしてサラダに加えたり、アンティパストに。洋梨、クルミ、パンと一緒に食べても美味しい。エキストラヴァージンオイルと塩、こしょう、そこにハーブも加えてあえても良い。

ピカンテタイプは、フレッシュバターを添えて楽しむ。塩味のタルトやスフレ、シーフードや肉料理にも向く。

ワインはドルチェには白、ピカンテには赤がおすすめ。

Provolone Valpadana
● ● ●

パスタフィラータ人気を引っ張ってきた巨大なチーズの悩み

　イタリア南部にルーツを持つパスタフィラータタイプのチーズが、北イタリアの大規模工場で大量に作られていることに気がついたのは 1987 年、ミラノの食の見本市に行ったときのことでした。なんと会場の天井から巨大なプロヴォローネがぶら下がっていたのです。長いソーセージ形、洋梨形、さらにはいろいろな形に成形できる利点を生かしてベル状のものまであっただけでなく、1個が 3 m 以上にも見えました。いったい何kg あるのだろう、いったいどうやって作っているのだろう…。このチーズは、南イタリアのチーズ職人が、豊かな牛乳のあるロンバルディア地方に移住して作り出したとは聞いていましたが、たっぷりとある乳に感動して生産量も、そしてサイズも大きくしたのでしょうか。

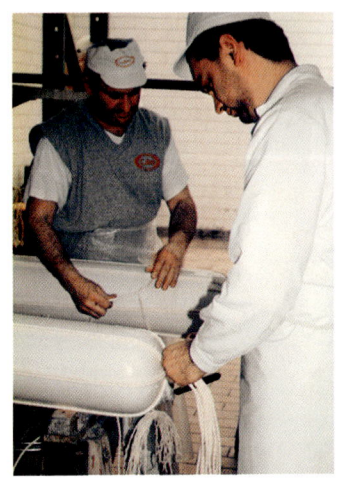

巨大なソーセージ形。約 20 年前の訪問時は紐をかけるのは手作業でした。今はどうでしょう

　現地を訪ねてみると、大きな工房ではすでに作られたカードが寝かされていました。細かくカットされたものはベルトコンベアーで運ばれて大きなプールに入っていきます。その中でかき回されると、もちもちツルンの状態になって機械の口から出てきました。ソーセージ形のものはそのままステンレスの型に入って成形となりますが、マンダリン形はこうやって作るんだよと、熟練の技術者が大きな塊を持ってきて見せてくれました。

　熟成庫にもマンダリン形はたくさんありましたが、それより圧巻だったのは、やはりソーセージ形の 40kg サイズがずらりとぶらさがる風景です。同じパスタフィラータタイプのチーズに、モッツァレッラ、カチョカヴァッロ・シラーノ、ラグザーノなど老舗チーズがありますが、どれもここまで大きくありません。フェ

ルミエで扱うプロヴォローネもせいぜい20kgサイズ。しかし、現地ではそんな小さなプロヴォローネ・ヴァルパダーノはほとんど流通していない様子です。

ところで、ここのところプロヴォローネといえば、最近ＤＯＰに昇格したプロヴォローネ・デル・モーナコが脚光を浴びています。このように、それまで外部に向けて積極的に発信してこなかった南イタリアのパスタフィラータのチーズに注目が集まるにつれ、プロヴォローネ・ヴァルパダーナの人気株は侵食されているかもしれません。

さらに、溶けるチーズは安価で、昨今の日本ではバーベキューの主役にもなって人気ですが、その座さえ、もう少し柔らかいスカモルツァや日本でもどこでも作るようになったカチョカヴァッロに奪われてきた印象があります。

かつて、パスタフィラータを北イタリアに広めたマジョッティ兄弟のように、世界中に似たタイプのチーズを広める人が増え続けてきた現実。大量生産型の大型チーズが生産量を伸ばしていくのは、そろそろ限界なのでしょうか？

飽和食塩水につけると、花形になったお尻がかわいらしく浮かびます

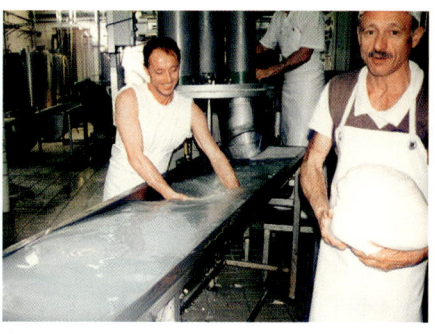

大きな塊を持って匠の技を披露してくれました。丸くまとめ、ひもをかけるとマンダリン形が完成。こんな手作業、今も残っているでしょうか

そもそもこのチーズのオリジナルはこのくらいの丸形だったのかもしれません。手作業がいつしか機械化され、巨大化したのかも…

しっかりした塩味とほろ苦さ。渓谷育ちの個性派チーズ
Puzzone di Moena
プッツォーネ・ディ・モエーナ

産地・指定地区

- 県の全域
- 県の一部

トレンティーノ＝アルト・アディジェ州トレント、ボルツァーノ各県の一部

外観
外皮は滑らか、または少ししわがあり、湿っている。明るい褐色から栗色。

生地
ソフトで弾力性があり、色は白または淡い黄色。チーズアイは通常小さめだが、放牧牛の乳から作った場合は少し大きめで、生地の色はより黄色がかっている。

風味
しっかりとした味わいで軽めのアンモニア臭がある。魅力的な塩味だがピリッとした辛さを感じることも。後味にほろ苦さを感じる。

種　別	半加熱、圧搾
原料乳	牛乳の生乳の全乳、あるいは一部脱脂乳
牛の種類	ブルーナ牛、フリゾーナ牛、ペッツァータ・ロッサ牛、グリージョ・アルピーナ牛、レンデーナ牛、ピンスガウ牛、およびこれらの交配種
熟　成	最低90日。150日を超えたらスタジョナートと表示できる。
形・重量	背の低い円柱形。上下面は平ら。側面は平らまたはやや膨らみがある。 直径 34～42 cm 高さ 9～12 cm 以下 重さ 9～13 kg
乳脂肪	最低 45% 34～44%（熟成90日）

DOP 取得 2013年11月7日

●製法

製造は1年中可能。

製造作業は、搾乳してから60時間以内、乳が納入されてから36時間以内に開始すること。なお乳の保存、輸送に際しては低温を保たなければならない。

ラッテ・インネストは使用しても良い。

原料乳を温め、子牛から採取した凝乳酵素を加え、25〜40分かけて34±2℃で凝乳させる。

カードはヘーゼルナッツの大きさまでカットする。46±2℃まで温度を上げ、15〜30分間加熱しながらかき混ぜ続ける。

ホエーの中で8〜20分休ませたらカードを引き上げ、布に包んで枠に入れるか、小さな穴の開いた容器に入れる。その後DOPの印が刻まれた枠をはめ込む。枠、または型に入れたままの状態でプレスする。

加塩は、乾塩または塩水プールで行う。

乾塩の場合は8〜10日間、塩水プールの場合は2〜4日間を費やす。

熟成の最初の2〜3週間は、週に2回ひっくり返し、生ぬるい水（少し塩を入れても良い）でぬらす。塩水プールの塩水を水で薄めて使っても良い。その後は、週に1回、同様の作業を繰り返すことにより、皮は湿った褐色、栗色、またはピンク色になる。

熟成は室温10〜20℃、湿度85%の環境が好ましい。

●歴史

このチーズについて書かれたものはあまり見つかっていないが、ファッサー渓谷で共同のチーズ工房、あるいはアルペッジョ（夏季高地放牧）で作られていた。湿った外皮と特殊な匂いが特徴である。

第二次世界大戦後には、共同工房で作るこのチーズを農家が引き取り、それぞれで熟成していたと書き残されている。彼らは定期的にこのチーズを塩水で洗い、そのおかげで特殊な皮ができる。すると、内側で嫌気的な発酵が進み、独特な匂いと風味が生まれる。と同時に、好ましくない発酵も防げる。

なお、現在のプッツォーネ・ディ・モエーナという名で呼ばれるようになったのは、1970年代になってからである。

●食べ方

その昔、貧しく、塩が貴重だった時代、農民たちは、他の食べ物に塩を使わなくても、このチーズを一緒に食べれば味わいのあるものになったし、このチーズそのものが栄養価の高い食品だった。そのためポレンタやジャガイモとよく一緒に食べられていた。

今もやはりポレンタやマッシュポテトによく合うが、リゾットやジャガイモのニョッキに合わせても良い。また、蜂蜜を添えても良い。

タレッジョとそっくりの四角柱。脱脂乳も使い、熟成若めのチーズ
Quartirolo Lombardo
クワルティローロ・ロンバルド

産地・指定地区

ロンバルディア州

- 県の全域
- 県の一部

ロンバルディア州ブレーシア、ベルガモ、コモ、クレモナ、ミラノ、パヴィア、ヴァレーゼ各県の全域

種　　別　非加熱

原 料 乳　牛の全乳または一部脱脂。

熟　　成　最低5日

形・重量　上面が正方形の四角柱。全ての面が平ら。
　　　　　1辺 18〜22cm
　　　　　高さ 4〜8cm
　　　　　重さ 1.5〜3.5kg

乳脂肪　最低 30%
　　　（一部脱脂乳を使用した場合）

外観
薄くて柔らかな外皮、熟成の若いものはピンクがかった白。熟成すると赤みがかったグレー、あるいはピンクがかったグリーン色をしている。

生地
組織は均一だが、剥離して少しでこぼこしている場合もある。もろくて砕けやすいが、熟成が進むと、より柔らかくなり、溶けやすくなる。色は白、麦わら色、そしてだんだんと濃い色になっていく。

風味
デリケートで独特な風味があり、少し酸味とアロマを感じさせる。そのアロマは熟成が進むと、よりしっかりしたものになる。

DOC取得 1993年5月10日
DOP取得 1996年6月12日

●製法

　少なくとも 2 回搾乳分の乳を使用。子牛から採取した凝乳酵素を加え、35 〜 40℃で 25 分かけて固める。乳酸の添加も認められているが、その場合、チーズ製造中に得たシエロ・インネストを加えても良い。

　1 度目のカードのカット後、排出されたホエーの酸度を見極めながら休ませ、2 度目のカットでヘーゼルナッツの大きさまでカットする。カードはホエーごと型に移され、26 〜 28℃に保たれた状態で、最低 4 時間から最高 24 時間まで寝かせて酸度を上げる。このように型入れの後、長時間かけて酸度を上げるのがタレッジョと異なる点。途中、酸性化の度合いと生地の乾燥状態によって温度を下げる。

　加塩は、乾塩をまぶすか、塩水プールに浸すかどちらでも良いが、室温は 10 〜 14℃のところで、時間は重さによって変わる。

　熟成は室温 2 〜 8℃、湿度 85 〜 90％の熟成庫で行う。期間はフレッシュタイプなら 5 〜 30 日。30 日を超すとマトゥーロ（熟成した）タイプになる。

●歴史

　このチーズの起源は 10 世紀に遡る。ロンバルディアの牛飼いが秋の初め、山に草がなくなるため牛を平野部に連れて下山してくると、平野部ではまだ草が生えていた。それが、夏の 3 回の草刈りの後に生えた、冬を迎える前の、1 年で一番アロマにあふれる 4 度目の草である。

　このチーズは、その 4 度目に刈った草を食べた牛の乳から作られたので、クアットゥロ（4）と言う名前がついたと言われる。

　なお、タレッジョと同じく、山から下りてきた牛が疲れていたことから、ロンバルディアの方言で「疲れた」という意味も加わってストゥラッキーノ・クアットゥロと呼ばれていた。

●食べ方

　室温に戻して、テーブルチーズとして。エキストラヴァージンオイルとこしょうをかけて、またはクルミやリンゴ、ブドウ、蜂蜜を添えても良い。

　また、プリモのソースやサラダに、さらにデザートの材料としたり、キッシュに使っても美味しい。

　蜂蜜を添えた、トリュフ風味のチーズムースも捨てがたい。

Quartirolo Lombardo
●●●

ロンバルディアの
四角形のそっくり3チーズ

3つ(タレッジョ、クワルティローロ、サルヴァ)の故郷はとても近い。「クレマスコ」は「クレモナの」とか「クレモナ人」という意味

　北イタリアには、丸形や四角形で互いによく似たチーズがいくつもあります。
　そんな中でもれんが色の四角形が珍しいと、最初に日本で有名になったのが、もともとはタレッジョ渓谷が故郷というタレッジョ。見かけの無骨さからは想像できないほど優しくむっちりとした味わいで、あっという間に日本でも人気者になりました。
　ところが同じロンバルディア地方にもうひとつ、そっくりな形のDOPチーズがありました。クワルティローロ・ロンバルドです。タレッジョに比べて低脂肪であっさり風味と説明するものの、見かけはそっくりですから、なかなかややこしい！
　そこへきて、今度はクワルティローロの一辺を短くして高さを約2倍にしたような箱形サルヴァ・クレマスコ (P.194) がDOPチーズとして仲間入り。同じロンバルディア地方の伝統チーズで生産指定地区もベルガモ、クレモーナ、ブレーシア、ミラノの4県がダブっているという悩ましさ。けれどこれを機会に、ぜひ興味を持っていただけたらと思います。
　まず、DOPでは先輩核のタレッジョは、ベルガモにある渓谷の名前がつくことからも、ベルガモ県で作られていたものが次第に市民権を得て広がったと思われます。
　クワルティローロ・ロンバルドはその名前がロンバルディア地方の古い方言の

クワルティローロ・ロンバルド

クワルティローロ・ロンバルドは、DOPになってから、必ずしも脱脂の必要はなくなりましたが、フレッシュな食べ方はますます人気に

タレッジョの熟成で有名なカザリゴーニ社ではサルヴァ・クレマスコも熟成させていました

「4度目(クァルト)の牧草の刈り取り(タリィオ)」からきているといわれています。春に芽吹いた牧草は一度刈っても2度、3度と葉を伸ばしますが、ここでいうのはまさしくそうして4度目に葉を伸ばした牧草、つまり秋の終りに最後の力を振り絞ってやっと伸びた牧草のおかげで作られるチーズだというわけです。ただ、この頃の草は香りこそ高いと言われるもののさすがに細く、力強さに欠けるため、チーズはどうしても低脂肪になっていたのではないかと想像しています。それでも熟成させずにフレッシュな食べ方が定着し、しかもレシピもいろいろと開発されて、現代ではすっかり人気のチーズに成長しました。

一方、2倍の背の高さのサルヴァは、「サルヴァーレ＝救う」という意味から来ているというのがおもしろいところです。

というのもその昔、ロンバルディアの肥沃な平地にはグラナ・パダーノのような大型チーズを作るような大富豪もいましたが、多くの農家は自分の家畜で自家用のチーズをつくる程度だったはずです。5月になって牛を牧草地に放つと、牛たちはたくさんの乳を出し、これを無駄にしないために作ったチーズは牛乳を救ったことにもなる、と聞きました。さらに私の知る限りではサルヴァ・クレマスコは熟成したものを食べるのが一般的。であれば春の恵みをしっかり熟成させ、夏になって牛たちが高地放牧地に移動したあとも、家族の食料となって飢えから救った意味もあるのでは？と勝手に想像してみたりしています。

クワルティが4番目ならサルヴァは1番目の草の恵み。それぞれの歴史は、牛とともにつつましく生きた人々の歴史でもあり、この違いを大事にしたいと思います。

南イタリアのカチョカヴァッロがルーツ。四角柱とわずかな辛みが特徴の牛乳製チーズ

Ragusano
ラグザーノ

産地・指定地区

シチリア州

● 県の全域
● 県の一部

シチリア州ラグーザ、シラクーサ各県の一部

外観
熟成時に使った太いひもの跡が残っていることもある。艶のある薄い皮。皮の厚さは最高で4㎜。色は黄土色から麦わら色。熟成が進むに従って栗色になる。オリーヴオイルが塗ってあることもある。

生地
身がしっかり詰まっており、熟成すると割れ目が入る。チーズアイがあることもある。色は白、または濃い麦わら色。

風味
甘みがあり、デリケート。熟成が若いうちは辛みが少なくバター風味があり、優しい味わい。熟成が進むと、辛みが増し、深みのある味わいが出てくる。

種　別	圧搾、パスタフィラータ
原料乳	牛の生乳の全乳
熟　成	最低4か月 セミスタジョナート：4〜6か月 スタジョナート：6か月以上
形・重量	四角柱で、切り口は角が丸みを帯びた正方形。 1辺 15〜18 ㎝ 長さ 43〜53 ㎝ 重さ 10〜16 kg
乳脂肪	最低40% 熟成期間が6か月以上のものは最低38%

DOC 取得 1995 年 5 月 2 日
DOP 取得 1996 年 7 月 1 日

● 製法

　牛乳の全乳の生乳を34℃（±3℃）に温める。こうすることで、チーズ作りに欠かせない微生物の自然な成長を促進させることが出来る。凝乳酵素は、子羊または子山羊から採取したペースト状のものを食塩水に溶かして用いられる。60分から80分で凝固させる。

　カードをカットし始め、大きさがレンズ豆ほどになったら、80℃（±5℃）の湯を牛乳100ℓ当たり8ℓの割合で加え、さらに米粒大までカットする。ホエーから取り出し、プレスする。

　その後、リコッタを作った残りの液体、またはおおよそ80℃の湯でカードを湿らせ、急激な温度低下から守るために布で覆って、85分間休ませる。専用の台の上で20時間乾かす。

　翌日、塊をスライスし、80℃の湯に浸して8分間ほど待つ。よくかき混ぜてとろとろに溶かした後、練って、表面に裂け目や継ぎ目、しわなどができないように、注意しながら球状にし、口を閉じる。その後、切り口が正方形になるような四角柱に成形する。

　加塩は塩水で行われ、その時間はチーズの大きさによって異なるが、出来上がったチーズに含まれる塩分（塩化ナトリウム）は6％を超えてはならない。

　熟成は風通しの良い、気温が14～16℃の場所で、細いひもで2個ずつ縛り、支えの台に渡しかけるようにつるすことにより、それぞれの表面全てが換気できなければならない。

　熟成タイプには、オリーヴオイルを表面に塗ることが認められている。

　薫製することも可能だが、自然で伝統的な方法でなければならない。その場合は、"affumicata（薫製した）"と明記することが義務付けられている。

● 歴史

　ラグザーノは、シチリアのチーズの中でも古いものの一つと言われている。すでに15世紀には、よその土地まで、売りに出されていた。

　1515年には、カチョカヴァッロに税がかけられていた、という記録が残っている。カチョカヴァッロとは、カチョはチーズ、ヴァッロは馬のことで、2つつないだチーズを熟成させるときに台（支え棒）に掛ける様子が、まるで馬にまたがっているようであったからついた名称で、ルーツはカラブリア半島と言われる。現地のカチョカヴァッロ・シラーノが変形の球形なのに対して、シチリアは四角柱である。

● 食べ方

　この魅力的な風味を楽しむには、食べる最低1時間前から、冷蔵庫から出しておくと良い。

　フレッシュタイプはテーブルチーズとして、また、様々なシチリア料理の材料として使われる。焼いても美味しい。

　熟成期間が12か月以上のものは、おろしチーズとして最適である。

Ragusano

●●●

四角いチーズも無理やりぶら下げて熟成中。ユーモラスな姿で存在を主張

　シチリアのチーズの歴史といえば、そのほとんどは羊の歴史ですが、牛の歴史も15世紀までたどれます。なかでも、島の南東部ラグーザ県と隣接するシラクーサ県の2県でわずかに作られている「ラグザーノ」がDOPチーズとして有名です。

　このチーズ、土地の人たちがカチョカヴァッロと呼ぶように、ローマ以南からシチリア一帯で作られているパスタフィラータがルーツ。ただ、形は南イタリアで見かけるひょうたん形でも下膨れのソーセージ形でもなく、食パン3斤分の直方体です。この形になったのは、おそらく20世紀初頭の第一次大戦後に、多くのシチリア人がアメリカにわたったのに伴って輸出需要が拡大し、輸送しやすい角形に工夫されたのだと思います。さらに船便に耐える日持ちも必要なため、10〜16Kgという大きな塊にしたのでしょう。当時はその踏み台のような形から、「スカルミ（踏み台の意）」という愛称で呼ばれていたそうです。

ラグーザの町はとてもきれいです

伝統の牛と熟成を見たくて、ラグーザへ

　ほかのチーズと同じように、ラグザーノも生き残りをかけて近代化や量産化、つまり工業化が進んでいます。でも、本当に美味しいのはイブレイ山に生えるアロマ豊かな草を食べる地元産のモディカーナ牛の、殺菌しない乳から作られるものだといいます。ただ、乳量の少ないモディカーナ牛を飼う人はだんだんに減り、1980年を過ぎたころにはその90％が別の牛に変わってしまったそうです。

　初めてラグーザを訪れたのは、ノートの「カフェシチリア」のコラードさんに案

ラグザーノ

その目的は、牛の逃走防止とも牧草地の境界線とも言われる石積みの壁「ムーロ・セッコ」に腰掛ける牛飼いのS.パスクワーレさん。ムーロは壁、セッコは乾いたという意味で、石ころだらけの土地に丁寧に積み上げて牧草地を作り上げた先人たちの苦労が想像できました

内してもらったときでした。その次は2000年に開催されたチーズのイベント「cheese art チーズアート」の時でした。シチリアから多くの人たちがアメリカへ渡った歴史をひしひしと感じさせるほど、イタリアにルーツを持つアメリカ人が多く、4日間にも及ぶイベントは毎日が充実したものでした。ラグザーノが今日のような姿になったのは、移民の歴史と大いに関係があります。このイベントを企画したのは、コルフィラック(P.231)です。

シチリアの歴史や料理を学習したあと歴史ある町を散策。世界中から集まったチーズ関係者と交流を深めた4日間でした。モディカーナ牛も会場に連れてこられていましたが、もう一度、きちんとみたいと思い、再訪したのが、2010年でした。

今もなお伝統のラグザーノ作りにこだわっている現地の牛飼いのパスクワーレさんに案内しても

パスクワーレさんのアトリエで、栗の木の樽を見学

カードをまとめて形が整ったらこのフネ(マスクラ、マスクレッタ)に入れて四角柱に整えます

この中腹にある石造りの建物が熟成庫でした

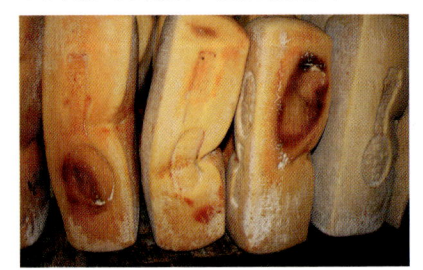

縄から外され、隣のラグザーノに話しかけているような姿のラグザーノたち

天井から縄でつるされたラグザーノ

らいました。全身茶色のモディカーナ牛は、氏の声に反応していっせいに集まってくる賢さ。ホルスタイン牛に比べて半分以下の乳量ながら、丈夫で病気もせず、一年中放牧でき、手間要らずだそうです。歩みは遅いものの貫禄は十分。スローフードにも守られ 2000 年を超えてやっと全体で 650 頭まで増えましたが、経済的な課題はまだ大きそうでした。

ラグーザでは、チーズショップのオーナーで、もう一人の A. パスクワーレさんに、自慢のカーヴも見せてもらうことができました。余談ですが、「パスクワーレ」とは復活祭という意味ですが、なぜか、シチリアに多い苗字だそうです。

ラグザーノの町を抜けて山の中腹あたりに見えてきた石造りの家が、そのカーヴです。中に入ると、たくさんの直方体の大きな塊が縄で結ばれ、ぶら下げられている不思議な光景が目に飛び込んできます。四角い物体をわざわざこんなふうに天井からぶら下げるとは、「自分たちもカチョカヴァッロの仲間だ」と主張しているのでしょうか。

このオーナーが契約している農家は 6 軒。農家の作り手たちは成形したチーズをここへ運び込むと重さをはかり、飽和状態の塩水に 15 日間漬け、その後縄をか

けてから天井から吊り下げていきます。

　ラグザーノの熟成は最低4か月ですが、もうしばらく吊り下げておく場合もあります。

　天井に近いところにあるものは青いかびがついていました。これを、オーナーは「洋服をまとっている」と表現していました。

　縄をはずしたら、かびをふきとり、ひび割れ防止のためにオリーヴオイルを塗ります。カーヴの隣の部屋にはオリーヴオイルが塗られてつややかな姿で出荷を待つラグザーノがズラリと並んでいましたが、縄がかけられていたところがくびれてあちこちにお辞儀をしている姿はなんともかわいく見えました。

　試食させてもらうと、力強い塩味のなかにわずかな酸味とバターの風味が残り、おいしいこと。辛味は感じませんでした。

　ここで牛を飼っている農家は昔の2500軒の半分以下の1000軒。その大半が牛舎につないでたくさん乳を搾れるホルスタイン牛だと言います。このうち、ラグザーノを製造する個人農家は21軒で、共同組合が4軒。生産量は前者が60%で後者が40%。どちらにしても後継者は次第に減っていくのですから、共同組合の生産が増えていくと思いますが、ここまで支えてきた人たちの情熱は次世代に継がれていくことを信じたいと思いました。

試食に用意してくださったラクザーノ。ひと切れの大きさに絶句…

チーズショップでは、ラグザーノ以外の牛乳製チーズ、プロヴォラもたくさん販売していました

ピエモンテの山が出身地　丸みのある四角形で個性を主張
Raschera
ラスケーラ

産地・指定地区

○ 県の全域
○ 県の一部

ピエモンテ州クーネオ県全域

外観
外皮は薄く、ピンクがかった灰色、または黄色味を帯びているものもある。弾力性があり、熟成すると側面がピンクがかる。皮は食用には適さない。

生地
白または象牙色で弾力性があり、身が詰まっている。とても小さなチーズアイが点在している。

風味
デリケートで魅力的。独特のフレーバーがある。熟成すると少し辛みが出て、塩味も強くなる。

※クーネオ県の一部の認定された標高 900m以上の場所で放牧、搾乳、製造、熟成を行ったものは di Alpeggio(ディ・アルペッジョ) の表記が許されている。

種　別	非加熱、圧搾
原料乳	牛乳の全乳または一部脱脂乳。羊乳または山羊乳を加えても良い。
熟　成	最低1か月
形・重量	2タイプある。 円盤形 　直径 30 〜 40 cm 　高さ 6 〜 9 cm 　重さ 5〜9 kg 四角柱 　一辺 28 〜 40 cm 　高さ 7 〜 15 cm 　重さ 6 〜 10 kg
乳脂肪	最低32%

DOC 取得 1982 年 12 月 16 日
DOP 取得 1996 年 7 月 1 日

●製法

製造は、1年間を通して行われる。

2回あるいはそれ以上の搾乳分の乳を使用する。

原料乳を27～36℃に保ち、液体の凝乳酵素を加えると20～60分で凝固する。固まったカードをトウモロコシの粒の大きさ、あるいはヘーゼルナッツの大きさにカットする。

カードを引き出し、布を敷いた丸形、あるいは四角の型に入れる。

数時間寝かせた後、取り出してホエーを抜くために再び練って型に戻し、12～24時間、圧搾する。さらに型から外して別の容器で圧搾した状態で5～7日間寝かせる。

ホエーの押し出しを促すために、プレスし、何度かひっくり返す。

商標を入れる。

加塩にはいくつか方法がある。一つには、塩水を含ませた布でチーズの表面をぬらしてはこする、ということを2日間行う。もう一つは、同様に表面をぬらすだけでこすらず、この場合は1日目は片方、2日目は反対側といったことを5日間続ける。さらにもう一つは、型の外側から塩を微量ながら直接かける方法である。

こうして1か月以上、熟成する。

●歴史

1400年代の村役場の書類に、このチーズについての記載がある。それには、地主が、このチーズ用の牛が私有地に入って放牧された状態でいることを嘆いていると書かれている。

1970年代、このチーズは一度廃れそうになったが、その後、一部の人の努力で蘇った。

●食べ方

テーブルチーズとして。

また、産地ではよく熟成したものは溶かしてポレンタやスープ煮に使う。リゾットやサラダにも向く。

Raschera

山のハーブや牧草こそが風味を決定付ける アルペッジョのラスケーラを、ぜひ

フラボーザから見た周囲の風景。近くにスキー場もあります

ラスケーラのふるさとはDOPチーズの宝庫、クーネオ県。ピエモンテ州の南端でリグーリア州に程近く、2000m級のモンレガレス山とモンジョイエ山の山間にあるラスケーラ湖あたりです。

　DOPでは丸形と四角形が認められていますが、丸いラスケーラには現地でも出会ったことはありません。かつて、山で作られたラスケーラは人里まで下ろすのにもっぱらラバ（ロバのオスと馬の雌の交配種）を利用していたので、その背中に積みやすいようにとの配慮から山作りのラスケーラは四角形、そして平地作りが丸形でした。今日ではラバに積む必要はなくなったものの、個性を感じさせるためか、四角形が主流になっています。

　また、DOPでは牛乳を基本としながらも羊乳を加えることで苦味を持たせたり、山羊乳を加えて辛味を生み出したりといったバラエティも認められていますが、残念ながら私はまだ、それら混乳のラスケーラに出会ったことがありません。

　地味な印象のせいか消費量はじりじりと減り、小規模な農家製はすでに消えてしまいました。また、厳しい山での製造者も後継者がおらず、平地の工場へ…。

　しかし、これでは特徴あるラスケーラがなくなってしまう。そんな危機感を覚えて行動を起こしたのが、それまでも数々のチーズを復活させて表舞台へと送り出してきたバター＆チーズ製造販売会社のベッピーノ・オッチェッリさんです。

　氏は、本来のラスケーラを復活させたいとアルペッジョの条件を満たす標高

フラボーザに行く途中に出会った牛たち

900mのフラボーザに工房を建てました。山に放牧する牛たちが食べるハーブや牧草こそが、ラスケーラの味を決定づけるのだというのがオッチェッリさんの主張です。

クーネオの山間に、アトリエと熟成庫を訪ねて

フラボーザの工房を訪ねたのは、2001年と2005年の2回です。2005年には使い古した四角い木枠を新調したばかりでしたが、新しいものもやはり木製。普通なら作業性や効率を考慮して木からステンレス、あるいは近年はプラスティック製へと変えていくことが多いのですが、伝統にならい、熱を逃がさないように厚みのある木製を使い続ける決意のオッチェッリさんの姿勢に感動すら覚えました。

こうして標高900m以上の高地で製造されるものはラスケーラ・ダルペッジョと呼び、ロゴのRのなかに小文字のaが入ります。

ラスケーラは本来優しいミルクの風味が特徴ですが、アルペッジョになると、これにコクが加わります。しかし、時として苦みを伴う場合もあり、自然界の神秘を感じさせてくれるのも面白いところです。

Raschera

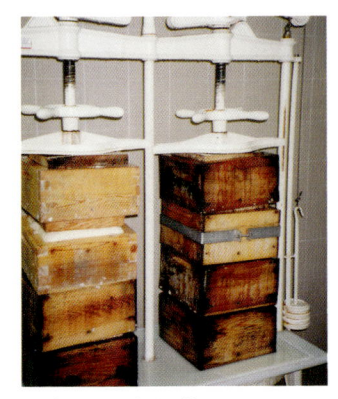

木型に入れたまま圧搾

型から出して、このあと塩づけ

ヴァルカソットの熟成庫で、チーズの様子を見るのは熟成士のアンドレアさん

　ところでオッチェッリさんのチーズは、フラボーザから山をおり、再び上った標高1000mのところにあるヴァルカソット（カソット渓谷）の熟成室に預けられて仕上げにかかります。家の地下2階分のチーズの熟成庫は、山からの水をうまく誘導して湿度と温度が保たれ、ラスケーラ・ダルペッジョをはじめ、その他カステルマーニョやブラ・ダルペッジョなど山のチーズが気持ちよく眠っています。

　熟成が若いラスケーラは、外皮は白っぽい象牙色で弾力があり、デリケートな味わいでバターのような香りがあり、人気です。60日を過ぎると外皮が黄色味を帯びたグレーになってきて、90日以上になると外皮は褐色を帯び、強い味わいになります。

　山岳地帯特有の牧草の香りをまとい、3か月間じっくり熟成したラスケーラ・ディ・アルペッジョはしみじみと美味しい山のチーズ。機会があれば、地元ワインのバルベラ・ダルバとぜひ、一緒に楽しんでください。

街のチーズ店に並んでいたラスケーラ。2005年当時はまだ丸型（向こう側）がありましたが、今ではもう見かけません

抜群のセンスと情熱でバター＆チーズを世界に届ける

ベッピーノ・オッチェッリさん

1994年10月、北イタリアはアルバのトリュフ祭りの会場で衝撃の出会いがありました。群を抜いてセンスの光るチーズの展示ブースと、そこで走り回っていたベッピーノ・オッチェッリです。チーズ一つひとつが魅力的なうえに、ラベル、ディスプレイにいたるまですばらしい。翌年、改めてピエモンテ州ランゲ地区ファリリアーノ村の彼の会社を訪れ、彼の魅力はそれだけにとどまらないことを知りました。

オッチェッリ社は、1975年にバターの製造会社としてスタート。昔ながらの木型で作る高級バターで成功を収めます。続いて地元の農家を集め、各家に伝わる秘伝のチーズから選び抜いた5つのチーズの製品化にも成功します。それが1987年のことでした。熟成は、谷間とはいえ標高1000mに位置するヴァルカソット村の絶好の場所に熟成庫を持つアンドレアさんとタッグを組み、自社のチーズに加え近隣の生産者から買い付けた山のDOPチーズも預けていました。

知り合って20年、彼はスローフード運動にも積極的に参加し、いまや2年に一度のブラ祭りには欠かせない存在です。世界中からファンが押し寄せるため、B&Bを借り切って、自ら声がかれるほど接待に走り回る姿は相変わらずです。この人とならいいお付き合いができそうと、あの初日にひらめいた私の勘は見事に当たっていた、というわけです。

チーズを積極的に勧めるオッチェッリさん

ディスプレイは、イベントのたびに洗練されていきます

何棟にもわたるヴァルカソットの熟成庫。山からの水が建物の下を通って川へと流れていきます

水牛乳製モッツァレッラのホエーで作るフレッシュな乳製品
Ricotta di Bufala Campana
リコッタ・ディ・ブーファラ・カンパーナ

産地・指定地区

●県の全域
●県の一部

カンパーニァ州カゼルタ、サレルノ各県の全域、ベネヴェント、ナポリ各県の一部、ラツィオ州フロジノーネ、ラティーナ、ローマ各県の一部。プーリア州フォッジャ県の一部、モリーゼ州イゼルニア県の一部

種　　別	フレッシュ
原 料 乳	水牛乳のホエー
水牛の種類	ラッツァ・メディテッラーネア・イタリアーナ水牛
熟　　成	なし
形・重量	ピラミッド形または円すい形 重さ最高 2000g
乳 脂 肪	最低 45% 水分 / 最高 75% 乳酸 / 最高 0.3%

外観
皮はなく、磁器のような白色。

生地
ソフトで滑らかな小さな粒がある。

風味
フレッシュでデリケートな甘みと、乳や生クリームの魅力的な香りがする。

DOP 取得 2010 年 7 月 19 日

● 製法

　原料乳は、生産地域内の指定種の水牛乳で作ったモッツァレッラ・ディ・ブーファラ・カンパーナのカードをカットしたときに出たホエーを使用し、24時間以内に製造を始めること。カードを休ませて出たホエーは使用してはならない。ホエーは、低温殺菌か冷蔵保存してもよい。

　また、原材料のホエーには、生産地域内の水牛の生乳か低温殺菌乳ならホエーの6%まで、ホエーから採ったフレッシュな生クリームならホエーの5%まで加えても良い。こうするとリコッタの固さは増し、引き上げやすくなるからだ。

　原料のホエー、あるいは上記の乳や生クリームを加えたホエー100kgにつき最高1kgまで塩（NaCl）を加えても良い。ホエーに直接塩を加えることは、塩味を与えるだけでなく、プロテインの凝集反応、つまりリコッタの固さにも影響を与える。

　大鍋にホエーを入れる。約82℃まで加熱したらプロテインの凝固を促し、酸度を修正し、リコッタを作りやすくするためにモッツァレッラ・ディ・ブーファラ・カンパーナのシエロ・インネスト、乳酸またはクエン酸を加えても良い。

　加熱は92℃を超えない範囲で行う。ソフトで細かい塊が浮き上がったら、穴の開いたレードルで食品用のプラスチックの型か、布の上に直接移す。

　その後、冷やし、24時間以内に梱包する。梱包は冷やす前でも後でも良い。すぐ梱包しない場合は冷蔵室で4℃まで下げ、先に梱包した場合は冷蔵室か氷水に浸して4℃まで下げる。フレッシュタイプの消費期限は7日が限度である。

　消費期限が長いタイプ（最高で21日）は、リコッタがまだ熱いうちにプラスチックの容器に入れて、即時に冷蔵庫、あるいは水や氷に浸し、4℃まで下げる。

● 歴史

　モッツァレッラ・ディ・ブーファラ・カンパーナとの繋がりに触れないで、このリコッタを語ることはできない。10～11世紀にかけ、カンパーニア州の一部に自然に湿地帯が生まれた。そこに水牛が持ち込まれ、それまでの牛乳製のチーズが、水牛乳で作られるようになった。

　13世紀には、水牛の飼育はサレルノやシチリアにまで広がった。1570年には、当時のローマ法王のお抱えのシェフがすでにこのリコッタについて書き記している。さらに17世紀には、カンパーニア州のマルシェで、水牛乳製の塩を加えた、あるいはスモークしたリコッタが取引されている、という資料が残っている。

　1900年代には、このリコッタの作り方も書き残されているが、賞味期間が短いため、商品価値が低かった。とはいえ、地元での消費は少なくなかった。

● 食べ方

　そのまま、あるいはパスタ類の詰め物として、そのほか塩味からドルチェまで、数限りないレシピに応用できる。

　とりわけ、ナポリの伝統菓子・パスティエーラには欠かせない材料である。

ペコリーノ作りで出たホエーから作るフレッシュな乳製品
Ricotta Romana
リコッタ・ロマーナ

産地・指定地区

ラツィオ州

● 県の全域
● 県の一部

ラツィオ州全域

生地
きめが細かく、牛乳より色が濃い白さを持つ。小さな塊がある。

風味
ミルク由来を感じさせる独特のデリケートな甘みと酸味。

種　　別	フレッシュ
原 料 乳	羊乳の全乳のホエー 〈成分〉 脂肪以外の乾燥固形分：5.5〜6.5% タンパク質：1.0〜2.0% 脂肪分：1.4〜2.4% 乳糖：3.4〜5.0% 灰分：0.4〜0.8%
羊の種類	サルダ羊とその交配種、コミザーナ羊とその交配種、ソープラヴィッザーナ羊とその交配種、マッセーゼ羊とその交配種
熟　　成	なし
形・重量	なし 最高 2000g
乳 脂 肪	17〜29%

DOP 取得 2005 年 5 月 13 日

● 製法

原材料は、羊乳製チーズの製造中、カードをカットして排出されたホエーである。

ラツィオ州で自然な放牧をして草や花といった飼料を食べさせるため、羊乳から採れるホエーには甘みがある。このリコッタの独特な甘み、酸味は、他のリコッタとすぐ区別がつくほどだ。

原材料となる羊のホエーは、淡い白色。

夏、羊が乳を出さない時期は、羊を平野の猛暑から逃し、環境や飼料の面でストレスから守るために涼しいところへ連れて行く伝統的な習慣がある。

羊の飼料は、ラツィオ州の自然な牧草、草花のみが許されている。また、添加物を加えたり、遺伝子組み換えをしたりしていない干し草も良いとされている。

一方で、羊には強化飼料や乳の増量を目的としたものは与えず、またホルモン剤も投与せず、さらに環境のストレスも与えないようにしなければならない。

ホエーを 50〜60℃に温めた時点で、定められた種類の羊の乳を、ホエーの 15％の量まで加えても構わないが、酸度の調整はしてはいけない。

ホエーを 85〜90℃に温め、軽く攪拌し続ける。一般的にはチーズ作りに使った大鍋をそのまま利用して加熱すると、小さな粒が表面に浮き上がってくる。

これを集めて、穴がたくさん開いたリコッタ型に入れ、8〜24 時間ホエーが自然に排出されるのを待つ。型から出し、涼しい部屋で乾燥させる。

● 歴史

ローマ帝国時代に、すでに羊の乳には 3つの利用法がある、と書かれている。

一つ目は飲み物として。二つ目はフレッシュな、または熟成させるチーズ作りの原料として。そして三つ目はその残りものであるホエーからリコッタを作る、ということである。

リコッタはラツィオ州で生まれ、アッシジのサン・フランチェスコが、その作り方を広めたとも言われる。

イタリアの聖人マルティーノは、リコッタの守護聖人として信じられていた。

20 世紀初頭、羊の群れを山地から平野に戻す際、途中で休む農家で羊飼いの頭首がお礼にリコッタを渡す習慣があった。

羊飼いの 1 日の食事は、1ｋｇのパンとリコッタをスプーン 1 杯という記録が残っている。

● 食べ方

そのまま食べても美味しいが、いろいろな料理の材料として、とりわけラビオリ等、詰め物をするパスタの中身として利用される。

ライブレッドにディルを添え、一緒に食べるのがおすすめ。

Ricotta Romana
●●●

現代版リコッタ作りは環境も重視
旬は甘みが強く、価格は3割増し

20年前に訪ねたローマ近郊の風景。今もまだ、放牧風景は残っているでしょうか

　チーズは牛乳製を主体に考えていればリコッタも牛乳製が当たり前と思っていましたが、南イタリアのように羊乳が主流の文化圏ではリコッタも羊乳製が常識、というのは、言われてみれば当然でした。

　ローマ産の羊乳製リコッタの製造現場を訪ねたのは2012年10月のことでした。原材料となるホエーは、羊乳製のチーズを製造しなければ手に入りません。ローマで羊乳製チーズといえばペコリーノ・ロマーノを思い浮かますが、時代の流れで生産拠点はすでにサルデーニャに移っています。

　それでも、どうやらローマ近郊に残るアグロ・ロマーナと呼ばれる豊かな農業地帯では、まだ羊のための草花が育てられているようで、訪ねたローマ近郊の工房「Fromaggi Boccea」ではフレッシュの状態で販売する「プリモ・サーレ」というの羊乳製チーズを作っていました。ペコリーノ・ロマーノが拠点をよそへ移した後に新たにローマ産リコッタがＤＯＰに登録されたのも、この一帯の羊乳文化を残そうという意識の高さなのでしょう。

　さて、工房ではフレッシュな羊乳製ホエーを原料に羊乳を15％まで混ぜてリ

コッタの製造が進んでいました。

　残念なことに訪問したのが10月で、ＤＯＰの「リコッタ・ロマーナ」の指定製造期間が11月1日から7月末までであることから目の前で出来ているものは「リコッタ・ディ・ペーコラ」と呼ばなくてはなりません。

　製法や外観は同じですが、牧草も羊乳も豊かな時期につくられる「リコッタ・ロマーナ」のほうがより甘みが強く、価格も「リコッタ・ディ・ペーコラ」より30％高く値が付くのだそうです。

　温められた鍋の表面には羊乳のタンパク質が小さく柔らかい塊をなして浮き上がってきます。これを網杓子ですくい集めてかごに入れていきます。水分を抜いて完成したリコッタ・ディ・ペーコラは4℃に冷やし、真空パックに詰め、インクジェットで賞味期限を印刷したら出荷です。ここでは1,000ℓのホエーから1個2kgのリコッタが60個誕生していました。日本では牛乳製の、しかも250ｇパックが主流ですが、ローマでリコッタといえば羊乳製で1.5～2kg、カットで販売するのが常識なのだそうです。

　もう一つ驚いたのが、この工場の環境への配慮。リコッタ製造後のホエーはバイオガスとして利用し、電気回路はシャープのソーラーシステムを導入。さらに水は浄化して外に出す。伝統を守るために、環境意識も高く持っていることに改めて感銘を受けました。

大鍋の上に浮き出てくるタンパク質のかたまりを、ていねいにすくってかごに入れます

試食は、「リコッタ・ディ・ペーコラ」をたっぷりパンに塗り、そのうえからはちみつをかけて

全脂肪のフレッシュチーズ。山羊乳主体だが牛乳や羊乳を加えることも
Robiola di Roccaverano
ロビオラ・ディ・ロッカヴェラーノ

産地・指定地区

ピエモンテ州アスティ、アレッサンドリア各県の一部

県の全域
県の一部

種　別	非加熱
原料乳	生の全乳。山羊100%あるいは最低50%で、残りは牛と（または）羊が最高50%。
山羊の種類	ロッカヴェラーノ山羊、カモシャータ・アルピーナ山羊、これらの交配種
羊の種類	ランゲ羊
牛の種類	ピエモンテーゼ牛、ブルーナ・アルピーナ牛、これらの交配種
熟　成	最低4日
形・重量	円柱形。表面は平らで、側面は少し膨らんでいる。 直径 10〜14cm 高さ 2.5〜4cm 重さ 250〜400g
乳脂肪	最低40%

外観
フレッシュな段階でも自然な白かびがある場合もある。乳白色または麦わら色。製造後11日以上になると白かびが生え、外皮はピンクがかることもある。

生地
熟成が若いものは乳白色で柔らかく、クリーミー。しかし、熟成が進むと皮の下はクリーミーではなくなり、しっかりした生地になる。

風味
デリケート。少し酸味を感じることもある。熟成が進むに従って味わいはしっかりして辛みを感じるようになる。

DOC取得 1979年3月14日
DOP取得 1996年7月2日

●製法

　地元に土着の自然な乳酸菌、前日の乳あるいはホエーを加えても良い。酸化が始まったら、動物性の凝乳酵素を加え、8～36時間かけて固める。この時間は天候や環境に左右される。

　酸化したカードを丁寧に、底に穴の開いた型に移す。型に移す前に、細かい目の布に入れてホエーの排出を促進しても良い。さらにホエーを排出させるために、何度かひっくり返すことを繰り返し、最高48時間、型に入れておく。

　加塩は、ひっくり返す時に両方の表面に直接塩をかけるか、最後に型から取り出した時に行っても良い。

　熟成は、15～20℃の部屋で最低4日間かけて行う。

　4日目以降、植物性のハーブを加えても良い。10日目以降、さらに熟成をすることが許されている。

●歴史

　大変古くからあるチーズで、歴史はリグーリア地方にケルト族が住み着いたころまで遡る。

　彼らは、このチーズによく似たチーズを作っていた。

　その後やってきた古代ローマ帝国人がルベオーラと名付けた。ルベオーラはラテン語のルベールから来ており、それはこのチーズが熟成したときの色、つまり赤（ルビー）を表した言葉だった。

●食べ方

　熟成の若いものも、進んだものも、どちらもテーブルチーズとして楽しめる。

　オリーヴオイルと唐辛子をかけると、さらに楽しみが増す。また、詰め物をしたパスタの中身に、あるいはスフレの材料としても良い。

　ガラスの瓶にオリーヴオイルと一緒に漬け込めば6か月間保存できる。

　ピエモンテの赤ワイン、バルベーラやドルチェットとよく合う。

Robiola di Roccaverano

●●●

イタリア DOP チーズで唯一の山羊乳製。その意外なウラ事情

　ピエモンテといえば、スローフードの発祥地ブラがあるとともに、DOP を持つチーズが 8 個もあるチーズの宝庫。魅力的で発見の多い場所です。そんな土地に、イタリアチーズとしてはたいへん珍しい山羊乳製チーズ、ロビオラ・ディ・ロッカヴェラーノを訪ねて初めて旅に出たのは 2000 年のことでした。

　ロッカヴェラーノとは、ピエモンテ州アスティ県の丘陵地にある小さな街。標高 700m あまりの場所の名前です。野には山羊の好物の木イチゴや野生のタイムが豊かなだけでなく、晴れた日に小高いところに立てば南にリグーリア海が見える距離で、潮の香りはこのあたりの牧草にまで届いています。

ロッカヴェラーノ山羊に出会えました

　赤いという意味を語源に持つ「ロビオラ」ですが、今日ではそのような色になるまで熟成させることはありません。製造は通年行われるものの、本来山羊の旬は放牧の始まる春から晩秋まで。訪ねたのは 11 月も末で、街はすでに冬支度が整い、山羊の乳はそろそろ終わりでした。しかし、当時の DOP の規定では、山羊乳が少ないなら牛乳を 85％まで混ぜてよいとありました。なぜ、それほどに山羊以外の乳を受け入れるのでしょう。

　現地の人に質問すると、イタリアではつい最近まで、山羊を飼ったり山羊乳製のチーズを食べたりするのは貧しさの象徴のように言われ、従って、できる限り牛乳を多く加えるほうが良いとされたのだ、と教えてくれました。ただ近年では、フランスでもシェーヴルが珍重されたり、山羊の乳質が健康によいことが分かっ

ロビオラ・ディ・ロッカヴェラーノ

てきたりしたこともあり、山羊乳100%の価値が見直されているそうです。規定書も、今では山羊以外の乳は最高50%までと使用量の基準が下げられました。

　2000年の旅では、牛乳を主体としたロビオラから、山羊乳100%のロビオラまで様々なロビオラに出会いましたが、最後の最後に素晴らしいロビオラを手にした夫婦に出会ったことが最大の収穫でした。2年前から地元の手作りチーズを集めて、熟成販売する仕事を始めたというコーラ夫妻です。奥さんのパオラも、この少し前に教師を辞め、夫を手伝い始めたそうです。そんな彼らが持ってきてくれたロビオラの美味しさは、山羊のチーズはフランス産に限ると思っていた私には衝撃的なものでした。フレッシュ感があり、優しいミルクの香りが漂う逸品だったのです。

美味しさに気づき、山羊乳製チーズが増えている

　翌年、コーラ夫妻に会いに、再び北イタリアへと出かけました。

　小規模な作り手を大切にしている夫のジャンニと妻のパオラは当時、まだ30代前半の若さにもかかわらず、週3日は生産者を回ってチーズを集め、あと2日は販売するというビジネススタイルでした。販売より作り手との交流。チーズやチーズを作る人をより理解し、大切にしようという姿勢にすっかり魅了されてしまいました。

出会った頃のジャンニ。どのチーズにも愛情たっぷりでした

　その日、2人が案内してくれたのは、小高い山をいくつか越えた先にある老夫婦の小さなアトリエでした。

　おじいちゃんは自分の家の周囲で遊ばせている山羊たちをのんびりと監督しています。ここでもご多分に漏れず、山羊など動物の世話は夫の仕事で、その動物から乳をもらってチーズを作るのは女性の仕事。この日、アトリエで試食させていただいたおばあちゃんのロッカヴェラーノはクリーミーで優しい味わい。山羊らし

Robiola di Roccaverano

夕日に輝くロッカヴェラーノの丘で、山羊の監督をしていたおじいちゃん

コーラ夫妻が取引しているおばあちゃん農家。彼女のロビオラはまるで上等なお菓子のようでした

アトリエでは、ロビオラの水を切っているところでした

いクセもなく、まるで上等なお菓子をいただいているようでした。
　あれから10余年、近年ではピエモンテの別のエリアでも山羊乳製チーズや山羊農家が増えてきたような気がします。ロビオラ・ロッカヴェラーノも山羊乳100%が当たり前になってきたように、山羊乳の美味しさが正当に評価されるようになったのでしょう。DOPを持たなくても、美味しい山羊乳製チーズはたくさんあります。イタリアの人たちも、そろそろ堂々と「山羊のチーズが好きだ」と言えるようになってきたかもしれません。

熟成だけでは物足りないと、山羊農家になった夫婦

ジャンニ＆パオラ・コーラさん

　コーラ夫妻は初め、地元の名もないチーズを60種類ほど買い集めては熟成方法を工夫していました。おかげでたくさんの作り手とも知り合いでした。

　2004年秋のことです。作り手巡りの道中、ピエモンテに伝わるロビオラを葉っぱで包む保存方法の話になりました。栗、いちじく、クルミの葉、あるいは縮緬キャベツまで聞いて日本の桜餅や笹団子を思い出し、「だったら桜の葉はどう？」と提案しました。すると、なんとその年の暮れに試作品が届いたのです。

　「せっかくなら、日本の桜の葉を使ったら？」と提案してできたのが「ラ・ロッサ」(赤という意味) です。フェルミエの20周年の2006年3月に初リリースして2011年までは好調でしたが、東日本大震災の原発事故で日本から桜の葉が輸出できなくなりいったん休止。今、再開の準備を進めています。

　ところでこの間、彼らはなんとアトリエを拡張し、チーズ作りにまで手を広げたかと思ったら、今度はミルクを買うだけに飽き足らず、とうとう自分たちで山羊も飼い始めました。生産者をよく知っていた二人だからこそ、上手に作る人を知っていたし、教えてもらうことも容易だったのでしょう。2人の子どもたちも立派な仕事の協力者に育ち、ジャンニとパオラはいま、山羊と暮らし、次々と新しいチーズの開発に明け暮れているそうです。

小さな作り手には、後継者問題がつきもの。「だったら自分たちでチーズを作ろう、山羊も飼おう」と夫のジャンニと、良き理解者の妻のパオラ

息子のフランチェスコと娘のロレーナ。ブラのチーズ祭りは2人で切り盛りしていました

「ラ・ロッサ」は春を告げるチーズとしてすっかり定着しました

チーズ作りの伝統ある地に受け継がれた"もったいない"精神のチーズ

Salva Cremasco
サルヴァ・クレマスコ

産地・指定地区

ロンバルディア州

● 県の全域
● 県の一部

ロンバルディア州ベルガモ、ブレーシア、クレモナ、レッコ、ローディ、ミラノ各県の全域

外観
薄くて滑らかな皮。独特のかびが生えていることもある。

生地
白いが、熟成するに従って麦わら色に変化する。身が詰まっていて、砕けやすい。中心部から熟成するので、皮の下は柔らかめ。まれにチーズアイが不規則にある。

風味
独特な微生物からのアロマがある。

種　　別	非加熱・圧搾
原 料 乳	牛乳の生乳。71.7℃で17秒加熱殺菌しても良い。
牛の種類	フリゾーナ・イタリアーナ牛、ブルーナ・アルピーナ牛
熟　　成	最低75日
形・重量	四角柱。表面は平ら。 上面の1辺 11〜13 cm 高さ 9〜15 cm 重さ 1.3〜1.9 kg または 上面の1辺 17〜19 cm 高さ 9〜12 cm 重さ 3〜5 kg
乳 脂 肪	最低48%

DOP 取得 2011年12月20日

●製法

原料乳に、前日のホエーまたは土着の乳酸菌の株を添加する。32～40℃に温め、牛の液体状の凝乳酵素を加え、10～20分で凝固させる。

できたカードのカットは2回行う。1回目は大きめにカットし、ホエーが排出されて硬くなり始めた15分ほど後に2回目のカットをする。このときはヘーゼルナッツの大きさを目指す。

カードは加熱しない。

大鍋から布を使ってカードを取り出し、型に入れる。木製の型を使用しても良い。

21～29℃、湿度80～90%で最高16時間休ませる。この間に刻印をする。

熟成は、木の棚の上に置き、湿度は自然な状態か80～90%、室温が2～8℃のところで最低75日行う。その間、上下をひっくり返す。

独特の色や形、外皮を保つために、塩水に浸した布か乾いたブラシで定期的にこすることが認められている。必要に応じて、食用オイルまたはブドウの搾りかす、ハーブを使用しても良い。

●歴史

このチーズの産地は肥沃な平野で、古くから乳牛等の飼育が盛んであった。地元ならではのチーズ作りの技術も磨き続けられ、農民たちは何も無駄にしなかった。

というのも、このチーズは、もともと春先にたくさん採れる乳を無駄にしないために大きめに作られたチーズだからだ。大きく作ることで保存性も良かった。

そういった文化は親から子へと、継がれていき、今でもこのチーズ作りには知識と手作業が欠かせない。

この地域周辺の遺跡から、紀元前10世紀ごろのものと思われるチーズ作りの道具が発見されている。また、晩餐会を描いた古いフレスコ画にも、このチーズが描かれているほどである。

●食べ方

フリットにしてアンティパストに。また、洋梨と一緒にサラダにしても良い。

リンゴと一緒にパイにすればデザートにもなる。

牛乳から作られるフレッシュタイプ　熟成期間が短くソフトな生地

Squacquerone di Romagna
スクワックエローネ・ディ・ロマーニャ

産地・指定地区

エミリア・ロマーニャ州

● 県の全域
● 県の一部

エミリア・ロマーニャ州のラヴェンナ、フォルリ・チェゼーナ、リミニ、ボローニャ各県の全域と、フェッラーラ県の一部

外観
色はパールのような白色。皮はない。

生地
乳がゆるく固まったカードの状態。
水分58〜65%。pH4.95〜5.30。

風味
甘みがあり、少し酸味を感じる。塩気はわずかにある。また、乳由来の独特でデリケートな味わいに、少し草の香りがある。
食感はソフトでクリーミー。粘着性があり、パンなどに塗るタイプ。

種　　別　フレッシュ

原料乳　牛乳の全乳
牛の種類　イタリアンホルスタイン牛、アルピーナ牛、ロマニョーラ牛

熟　　成　なし

形・重量　形は、入っている容器によって異なる。
　　　　　重さ2kg前後

乳脂肪　46〜55%

DOC取得 2012年7月24日

●製法

製造は1年中可能。

製造技術は昔とあまり変わっておらず、製造に要する時間は季節によって変わる。冬は長く、夏は短くすることにより、生地のクリーミーさを保つことができる。

搾乳後、48時間以内に製造を始める。乳は10℃以下で搬入され、6℃以下で保存されなければならない。さらに、製造前に低温殺菌を行う。

その後、加熱して35～40℃に温め、インネストと乳酸菌を加える。液体状の子牛の凝乳酵素を加え、10～30分で凝固させる。カードはクルミ大にカットする。そのまま35～40℃で5分以上休ませてから、pHが5.9～6.2になるまで撹拌する。

カードを穴の開いた型に入れ、ホエーを排出させるために、24時間以内に少なくとも1回は上下をひっくり返す。

室温に最高で3時間寝かせた後、15℃以下のセラーに入れる。

濃度16～24%、水温20℃以下の塩水に漬ける。漬ける時間は1kg当たり10～40分。塩水に漬ける代わりに、カードを作る前の段階で塩化ナトリウムを加えても良い。

熟成は3～6℃の室温で1～4日間で行う。

梱包はプラスチックの容器または保護用の紙の包装紙を使用。

●歴史

この地方では古くから農業が盛んで、農耕用と乳のための2つの目的で、その数は少なかったが牛も飼育していた。乳の一部は飲むために、そして一部は日持ちが乳の状態より良いこのチーズ、つまりスクワックエローネ・ディ・ロマーニャになり、それは物々交換にも使われ、農民の収入源にもなっていた。

乳のタンパク質と乳脂肪が少ないことにより、クリーミーでスプレッドタイプの、この特徴が生まれる。それは、この地方独特の草の栄養分に由来する。

1800年2月に書かれた資料に、すでにこのチーズの名前が残っている。

●食べ方

パンに塗って食べる。

〈包装〉

ソフトでクリーミーなチーズなので、食品用の紙に包むか、ふさわしい容器に入れる。外にこのチーズのロゴと
"Squacquerone di Romagna - Denominazione d'Origine Protetta"
あるいは
"Squacquerone di Romagna -DOP"
と表示しなければいけない。

0～6℃で保存すること、そして包装の外側に最高保存温度の表示が義務付けられている。

Squacquerone di Romagna

エミリア・ロマーニャの
伝統料理で楽しむとろとろチーズ

寝かせているカードはぷるんぷるん

　エミリア・ロマーニャ地方を代表するチーズといえば、世界に知られるパルミジャーノ・レッジャーノです。日本でも人気が高く、そのためイタリアで最も多く訪問してきたのは、確実にエミリア・ロマーニャ。それなのに、ある日、イタリアからの情報でのチーズが DOP に指定されたと聞いたものの、そのチーズがいったいどのような形状なのか、想像すらつきませんでした。ロマーニャ地方の、ときいてもスクワックエローネそのものの存在をまったく知らない。さすがにショックでした。

　それが、なんと 2014 年のイタリアチーズツアーの最終日に対面がかなったのです。それも、いよいよイタリアを発つという、その直前のランチをリナーテ空港で取ろうとしたときのことです。イタリア在住でこのツアーの通訳をしてくれた池田美幸さんが、エミリア・ロマーニャの伝統料理を出すというオステリア「イル・カステレッロ」を予約し、昼食メニューのひとつにスクワックエローネをちゃんとリクエストしてくれていたのです。チーズ仲間たちからは、思わず歓声があがりました。

　テーブルに運ばれてきたものを見ると、レタスの上に、べっとりと、溶けかけたわらび餅のようなチーズがのっています。もとはどんな形状なのかとお店の人にたずねると、プラスチックの容器を持ってきてくれましたが、残念ながらこれでは形状は分かりません。

　聞けばこのチーズは、アドリア海に面したリミニ県でよく食べられているそうで、ピアルディーニというおやきのようなパンに挟むのだそうです。さっそく試

してみたものの、それだけでは塩気が少なすぎて味気ない。生ハムも一緒に挟むとちょうど良い塩加減になりました。

　考えてみれば、いままで何度もエミリア・ロマーニャ地方は訪ねているものの、知っているのはパルミジャーノ・レッジャーノの指定産地であるパルマ、レッジョ・エミリア、モデナ、ボローニャの各県だけ。同じエミリア・ロマーニャ地方とはいえ南のマルケ州との州境に位置するリミニ県には行ったことがなかったのですから仕方ないと、気持ちを切り替えました。もっともリミニといえば映像の魔術師の異名を持つ映画監督フェデリコ・フェリーニが生まれた町として、映画ファンには有名な町なのですが…。

　スクワックエローネはフレッシュチーズなので、今のところ日本で食べるのは無理でしょう。旅の間に出会えたら、ぜひ幸運に感謝して試してみてください。

　さて、その後。ここで別れてミラノに延泊したツアーメンバーが、ミラノの高級食材店のペックにこのチーズが並んでいたと写真を送ってくれました。DOPになるということはそういうことなんだとつくづく思っていたら、さきの美幸さんも近所のスーパーでさっそく購入したそうです。

　食べやすさと話題性で流通の窓口はどんどん広がっていくことでしょう。現在、生産者は 10 軒とのことでしたが、近日中に 12 軒になるのだとか。協会は問い合わせに好意的で、写真まで送ってくれました。

レタスの上にのって登場

おやきのようなパン、ピアルディーニに生ハムと一緒に挟んで食べる

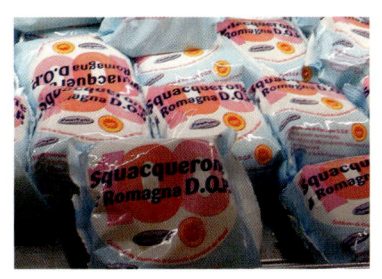

高級食材店ペックの店頭にも並びはじめました

脱脂乳で作る熟成型チーズ。アルプスの山のアロマが特徴

Spressa delle Giudicarie
スプレッサ・デッレ・ジュディカーリエ

産地・指定地区
トレンティーノ＝アルト・アディジェ州

- 県の全域
- 県の一部

トレンティーノ＝アルト・アディジェ州トレント県の一部

外観
外皮は、褐色を帯びたグレー、あるいは明るい褐色。

生地
白または淡い麦わら色で、若いものは弾力性がある。小さめのチーズアイがある。

風味
熟成が若いものは甘みがあり、熟成が進むに従って風味が出てくる。少しほろ苦さがあり、山のチーズならではのアロマを感じる。

種　　別　半加熱、圧搾

原 料 乳　牛乳の生乳の脱脂乳

熟　　成　若いタイプ（ジョーヴァネ）：
　　　　　最低 3 か月
　　　　　熟成タイプ（スタジョナート）：
　　　　　最低 9 か月

形・重量　円柱形。上下面は平らで、側面は平らかまたは膨らみを帯びている。
　　　　　直径 30 〜 35 cm
　　　　　高さ 8 〜 11 cm
　　　　　重さ 7 〜 10 kg

乳 脂 肪　最低 29%、最高 39%

DOP 取得 2003 年 12 月 22 日

● 製法

原料乳は、2回、あるいは3回搾乳分の乳を休ませ、一部脱脂して使用する。スターターを加えても良い。

乳を35(±2)℃に温め、子牛の凝乳酵素を加えると、20〜50分で凝固する。

凝固したカードは米粒の大きさにカットする。その後42(±2)℃まで温め、かき混ぜながら20〜30分間加熱し、35〜65分間カードを休ませる。その後、引き上げ、型に入れる。ここまでの作業は、最低90分、最高で150分以内に行う。

その後、最低24時間休ませた後、加塩する。

加塩は、乾塩の場合は、8〜12日間、塩水プール利用の場合は最低4日間、最高6日間となっている。

その後の熟成は、室温10〜20℃、湿度80〜90%のところで、若いタイプ(Giovane)は最低3か月、熟成タイプ(Stagionato)は最低9か月行う。

● 歴史

アルプスで、大変古くから作られていたチーズの一つ。当時はバターの需要が高かったので、まず、地元でよく売れるバターを作ってお金を得、残りの乳でこのチーズを作った。従ってこのチーズは家族のためのもので、売るためのものではなかった。

このチーズに関して現存する最も古い資料は、1249年のものである。

● 食べ方

ポレンタに、棒状に切ったチーズを混ぜた伝統料理、カルボネーラが有名。あるいはポルチーニのスフレの材料としても欠かせない。

Spressa delle Giudicarie

イタリア最北端の州に、
新生DOPチーズ3つ登場

　21世紀初頭、イタリア最北端でたった2つの県からなるトレンティーノ＝アルト・アディジェ州から突如3つのDOPチーズが誕生しました。これに有名なトレンティン・グラナを入れると、このエリアには4つのDOPチーズがあることになります。でも、なぜ、急に3つも？

　情報を集めるうちに、3000m級の山々が連なる自然と、トレントを中心とした一大牛乳産地を擁する一帯が、時代の流れから守るべきチーズを21世紀になってようやく挙げてきた。そんな印象を持つようになりました。

黒くて美しい牛、と思ってシャッターを切ったら、これが地元の土着のレンデーナ牛で「あれは茶色なんだよ」と教えられました

　トレンティーノ＝アルト・アディジェ州の北はオーストリアと国境を接しているため文化的にもオーストリアの影響が濃いといわれています。主な産業はウィンタースポーツや夏の登山、ハイキングなどの目的で年間500万人以上が訪れる観光業です。

　訪ねたのは2009年9月、2003年にDOPをとったスプレッサ・デッレ・ジュディカーリエの作り手でした。初めて訪れるトレンティーノは、厳しい山の中に小さな生産者がたくさんいると期待していましたが、案内されたのは4つの組合がひとつになって、大きな熟成庫と販売所を併設しているモダンで大型の工場でした。生産者と名がつくのはここの一社。それまでDOPは複数の生産者で申請して取るのだと思っていたので少し驚きました。

　それでも私たちのため用意された熟成違いのスプレッサは、どれもミルクの風

スプレッサ・デッレ・ジュディカーリエ

試食用にと、このほかにも熟成別にジャムと一緒にたっぷりと用意してくれました

スプレッサの熟成庫は、DOP登録で一挙に生産を増やしすぎたため、訪問時は過剰在庫を抱えていました

味が豊かで美味しかったです。

　続いて2007年にDOPを取得したステルヴィオ(P.204)は、同名のすばらしい公園内で作られるのですが、やはり生産者は一軒のみ、それもかなり大手です。

　そして、もっとも新しくDOPをとったのがプッツォーネ・ディ・モエーナ(P.164)です。プッツォーネとは、強烈な匂いの、という意味があり、このチーズも表皮を洗うウォッシュタイプとされていますが、現地のHPで想像するかぎり、山のチーズに共通の、塩水で表皮を擦って熟成させるのと同様の処理を施しているように見えますが、何事もバーチャルの段階では話はできません。

　この3つのチーズのうち、実際に訪ねたのは1軒だけですが、共通点は生産者1軒でDOPを取得したことです。生産者組合があり、伝統を重んじて、ということはなく、たとえ1社でも早く法律で守らないと作り手がいなくなるから？　なんとも気になるチーズたちです。

壮大な自然を実感させる山と渓谷

土着の微生物相を含んだ塩水で洗う作業が独自の個性を育てる
Stelvio/Stilfser
ステルヴィオ(伊)／スティルフセル(独)

産地・指定地区

トレンティーノ＝アルト・アディジェ州

県の全域
県の一部

トレンティーノ＝アルト・アディジェ州ボルツァーノ県の一部

外観
外皮はオレンジ色だが、熟成するに従って栗色に近くなる。

生地
しっかりした生地で弾力性がある。不ぞろいの、小さめのチーズアイがある。

風味
濃厚で、干し草のアロマに富む。熟成するとピリッとした辛さを感じさせる。

種　　別	非加熱、圧搾
原 料 乳	牛の全乳（乳脂肪 3.45%以上、プロテイン 3.10%以上。ただし、乳脂肪が多すぎる場合は脱脂も可）。
熟　　成	最低 60 日
形・重量	柱形。上下面が平らで側面は、まっすぐまたは若干へこんでいる。 直径 36～38cm 高さ 8～10cm 重さ 8～10kg
乳脂肪	最高 50% 水分最高 44%

DOP 取得 2007 年 2 月 15 日

●製法

原料乳は72℃で2～3秒加熱する。

一度冷ましてから1%前後の乳酸菌を加える。保存剤として100ℓに付き最高2gのリゾチーム、あるいは、硝酸カリウムを加えても良い。

50～60分後、32～33℃にした乳に子牛から採取した凝乳酵素を加える。液体、あるいは粉末状の凝乳酵素は、ペプシンの含有量の少ないものが望ましい。

カットできる状態まで固まるのに必要な時間は、ステンレスの鍋の場合、平均20～27分である。

その後、10～15分かけてトウモロコシの粒の大きさまでカードをカットし、8～12分間かき混ぜ続ける。

ホエーを全体量の25～35%を抜き取り、その後、かき混ぜながら温度を36～40℃に上げる。この加熱作業は通常、必要量の温水(50～70℃)を加えて行う。ある程度の水分を排出させるまでかき混ぜ続ける。

斜めに置いた板かバットにカードを移して余分なホエーを取り除く。凝乳酵素の添加から、ここに取り出すまでの作業時間は80～90分間ほどである。

さらにホエーを排出させるために、軽めに圧搾する。カードの湿り具合が理想的な状態になった時点ですぐ成形し、圧搾するために円柱状の型にはめる。30分から2時間、圧搾する。

圧搾が終わったら、温度と湿度が管理された場所で、pHが5.5以上になるまで寝かせる。1～3時間、冷水に浸して固めても良い。こうすることにより、生地の発酵と酸性化を調整することができる。

12～15℃の塩水に、36～48時間浸す。

熟成は室温10～14℃、湿度85～95%の部屋で、木の板の上で行う。この間、週に最低2回、薄めの塩水に浸した布でチーズ全体をこすっては、上下をひっくり返すという伝統的な作業を行う。

このとき使う塩水には、最初の2,3週間、土着の独特な微生物相を加える。そのおかげでステルヴィオあるいはスティルフセルの表面の艶、オレンジ色、栗色の色合い、独特の香り、味わいが特徴づけられる。自然なこの色は、土着の株の繁殖が決め手である。

●歴史

いくつかの書物に書かれているように、このチーズは13世紀には存在しており、当時、土地の人々にとって欠かすことができない食糧であった。時に、土地の代金の代わりとして使われていたことからも、このチーズの重要性がわかる。

20世紀になってからは、ステルヴィオ、あるいはスティルフセルの名前がチーズ工房で使われるようになった。

●食べ方

溶かして、トウモロコシのポレンタとともに。

また、豆のスープやスペック(スモークした生ハム)やチーズの盛り合わせとして。

相性の良いワインは、熟成が若いチーズなら地元産のピノ・ノワールやスキァーヴァと、熟成したものならテルラーノのラグレインとがおすすめ。

タレッジョの渓谷に育つ無骨なブルーチーズ
Strachitunt
ストラッキトゥン

産地・指定地区

● 県の全域
● 県の一部

ロンバルディア州ベルガモ県の一部。標高 700m 以上の場所

外観
外皮は薄くてしわがある。かびがあることも。黄色っぽいが熟成するとグレーになる。

生地
柔らかく麦わら色。クリームっぽい部分と緑、あるいは青っぽい部分がある。

風味
アロマがあり、強い香り。甘みを感じるが辛みを感じることもある。熟成するとより強いアロマが出る。
青かびが美しく生えることはまれだが、ブルーチーズの独特の香りを持ち合わせている。

種　　別	非加熱、ブルー
原 料 乳	牛の生乳。全乳
牛の種類	最低 90% ブルーナ牛
熟　　成	最低 75 日
形・重量	円柱形。上下面は平ら。側面は平らか、やや膨らみがある。 直径 25 〜 28 ㎝ 高さ 15 〜 18 ㎝ 重さ 4 〜 6 kg
乳脂肪	最低 48%

DOP 取得 2014 年 3 月 7 日

● 製法

1日に2回搾乳した乳を使う。ただし、それぞれに搾乳した乳は、別々に準備する。

最初の生乳をステンレスあるいは銅製の大鍋に入れる。

乳は10℃以下で保存してはならない。子牛から採取した凝乳酵素を使用。必要に応じて36～37℃に加熱する。インネストを加えても良い。

33～38℃で20～30分で凝固させる。できたカードは、自然繊維または化学繊維の布に入れ、室温10℃以上、湿度80～90%のところで最低12時間つるして水分を切る（ホエーを抜く）。

後から搾乳した乳からも同様にカードを作り、大鍋の中でカットする。カットは、2、3回行うが、カットするたびに、寝かし、最後にはクルミあるいはヘーゼルナッツの大きさにする。

最低12時間の時間差のある2つのカードを、穴の開いた型に自然繊維または化学繊維の布を敷いて、その中に層にして詰めていく。30～45分休ませた後、布を取り除き、カードを型の中でひっくり返す。

24時間後に商標を入れる。

加塩には乾塩を使い、表面と側面に手でこすりつける。最高6日間寝かせる。

熟成は室温4～10℃のところで、最低75日、木の棚に載せて行う。この間に、時々塩水で洗っても良い。熟成を開始して約30日たったころに、金属製の針で穴を開ける。

この作業は、熟成を終える前に、チーズの熟成度合いを見極めながら、繰り返し行っても良い。

● 歴史

このチーズの歴史は古く、11世紀には存在していたと言われる。

ストラッキトゥンの作られるタレッジョ渓谷はまた、セリの産地でもあり、それほどに水が豊富で、涼しい気候の環境にある。香りあふれる草花が豊富で、そこは昔から放牧に適した場所であった。

● 食べ方

テーブルチーズとして。

料理にするなら洋梨とストラッキトゥンのリゾット。あるいはラザニアやサラダに。

Strachitunt

● ● ●

ゴルゴンゾーラの原点は、このチーズ。
話を聞けば、目からウロコ！

原料乳は、このブルーナ牛のものが90％以上

　本書の中で最も新しいDOPチーズ、ストラッキトゥン。これには、タレッジョ渓谷産タレッジョを復活させたカザリゴーニ社のアルバーロさんの貢献が大きいと思います。

　青かびチーズのゴルゴンゾーラは、もともとはストラッキーノ・ディ・ゴルゴンゾーラという名前だったことは今ではよく知られた話ですが、アルバーロさんによるとその原形が、このストラッキトゥンだというのです。そういえば、風貌も似ています。まさに目からウロコ。

　ここで再びゴルゴンゾーラの復習です。アルプスに放牧した牛を平地に連れ帰る途中に休んだゴルゴンゾーラ村で、夕方、搾乳をします。この時、チーズづくりをカードの状態でいったん止めて、翌朝のカードに混ぜたところ青かびが発生した、というのが、そもそもこの青かびチーズの始まりだそうです。考えてみれば、山から下りる秋には夜は早く暗くなり、一気に型入れまで作業が間に合わなかったのかもしれません。あるいは牛だけでなく人間も疲れていたのでしょうか。今でこそ、牛乳は冷却して翌朝まで保存できますが、当時は搾乳毎にチーズを作るか、カードにするかしか、方法はなかったはずです。どちらにしてもストラッキーノ（疲れた）と、ロンド（丸い）が合体して、ストラッキトゥンとなったという話は、さらにチーズが面白くなるお話でした。

　すでに失われていたストラッキトゥンをなんとか復興させようと、カザリゴーニ社では試作・販売を開始したと聞き、2009年に見学させていただきました。

ストゥラキトゥン

前夜の固いカードをのせます

カードは前夜のものと2種類を層にして詰めていきます

　朝9時過ぎ、アトリエではすでに製造作業は始まっていました。ポイントは型詰め作業です。まず、温かいカードを詰めたら、次に前夜のカードを入れて、その上にまた今日の温かいカード、と交互に重ねていきます。説明によると、前日のカードが10％。ストラッキトゥンが生まれたころは半々だったかもしれませんが、カザリゴーニ社では研究の結果、10％に落ち着いたようです。

　さらにアルバーロさんは、当日の柔らかいカードと前夜の固くなったカードは決して混ざることがないし、異なるカードを一緒にすることでかびが発生するのだと教えてくれました。とはいっても、カビの繁殖が一定ではないことが、なかなか日本の消費者には受け入れにくいところです。

　生産量は当時で1週間に140個、ミルクの多い時期でも180個と決して多くありませんでした。それでも、ゴルゴンゾーラの原点だというこのチーズを、復活させ、守って行きたいというアルバーロさんとカザリゴーニ社の熱い思いは5年後、見事にＤＯＰ昇格へと実を結んだのです。

　現在、生産者は2軒にすぎませんが、ゴルゴンゾーラが人気になるほどに、その原点を忘れまいとするアルバーロさんの思いを充分に受け止めて戻ってきました。

青かびが均一に入らないところが、なかなか理解されにくいところです

全脂肪、生タイプのソフトチーズ。平らな四角形が印象的

Taleggio
タレッジョ

産地・指定地区

- 県の全域
- 県の一部

ロンバルディア州ベルガモ、ブレーシア、コモ、クレモナ、ミラノ、パヴィア各県の全域、ヴェネト州トレヴィーゾ県の全域、ピエモンテ州ノヴァーラ県の全域

種 別	非加熱
原料乳	牛の全乳
熟 成	最低 35 日
形・重量	上面が正方形の四角柱。全ての面が平ら。 1辺 18 〜 25 cm 高さ 5 〜 7 cm 重さ 1.7 〜 2.2 kg
乳脂肪	最低 48%

外観
柔らかく薄い皮。薄い赤茶色で青かびが混じっていることもある。

生地
組織は均一。断面の色は白かまたは麦わら色。ナイフを入れてねっとりとくっつくようになれば熟成のピーク。

風味
塩加減はほどよく、ほのかに酸味がある。ソフトで甘い独特な味わいに、少しアロマがある。

DOC 取得 1988 年 9 月 15 日
DOP 取得 1996 年 6 月 12 日

● **製法**

原料乳は生乳、あるいは殺菌しても良い。これを 32 〜 35℃に温め、インネストを加える。これらは乳の酸化と、アロマを与えるのに役立つ。

子牛から採取した液体状の凝乳酵素を加え、固まったカードを 10 〜 25 分ほど休ませる。1 回目は大きめにカットし、10 〜 15 分ほど休ませる。2 回目は、ヘーゼルナッツの大きさにカットする。

その後、引き上げて 18×20 cm の四角形の型に入れ、斜めの台の上に置いてホエーを抜く。このときプラスティックまたは自然素材のすだれで覆う。

ホエーを含んだカードは 22 〜 25℃に保たれると酸度が上がり、ホエーの排出が進む。この工程は 8 〜 12 時間かけて行うが、その間に型ごと何度か上下をひっくり返す。この間に食品用プラスティックで作られた各工場の番号入りのロゴを表面に置く。

塩がけは重要な工程で、これによってさらにホエーの排出が促されるだけでなく、皮が形成され、塩味もつく。さらに表面を有害な微生物から守ると同時に有効な微生物も選んでいることになる。

小さな工房では、現在でも昔ながらの乾塩を表面全体にまぶす方法だが、大きな工場では、飽和状態の約 10℃の塩水に 8 〜 12 時間ほど浸し、その間、何度もひっくり返す。

熟成は、古くは自然な洞窟で行われていたが、今はそれと同じような温度、湿度を保ち、特徴的な土着の微生物に恵まれた部屋に置かれた木の棚を使用する。

熟成中は、だいたい 7 日ごとに上下を返し、塩と水を含んだスポンジで表皮を洗う。こうすることにより、有害なかびを取り除き、独特のピンク色になるためのかびと酵母の増殖を促し、タレッジョ独自の表皮の色が生まれる。表皮は食べることができる。

熟成は最低 35 日。室温 2 〜 6℃、湿度 85 〜 90% の部屋で行う。

● **歴史**

歴史は大変古く、10 世紀に遡る。名前は、このチーズが生まれたタレッジョ渓谷に由来する。物々交換として 13 世紀には使われていたことが記録に残っている。

もともとは、山の放牧から戻ってきた牛の乳の余りを保存するために作られたチーズで、ストゥラッケ（疲れた）という名称で呼ばれていた。これは放牧から長い道のりを歩いて戻ってきた牛が疲れていた、という意味からきており、20 世紀初期まで「ミラノの四角いストゥラッキーノ」と呼ばれていたくらいである。

● **食べ方**

室温に戻し、気になれば、表皮を少し削ってから食べる。

メイン料理として、あるいは食事の締めくくりにフルーツと一緒に食べても良い。溶けやすいので、プリモやメインに溶けた状態で使ったり、ピザやクレープにも合う。

Taleggio
● ● ●

ベルガモ人が復活させた、タレッジョ渓谷産のタレッジョ

熟成中は1週間に1度、こうして磨きます

布はチーズの水分の調整役。1週間に1度の取り代えで洗濯も大仕事

　DOPのチーズの名前の多くに、その発祥となった故郷の名がついています。タレッジョもその一つで、ロンバルディア州中央部のベルガモ県のタレッジョ渓谷がふるさとです。しかし、このチーズはすでに20世紀の早い頃から平野部作りが一般的で、一部、ミラノから交通の便のよいレッコ湖沿いのサッシナ渓谷の自然の熟成庫から出荷されているだけ、と聞いていました。

　ところが1997年のその日、つまりスローフードの第1回ブラ祭りで、なんと、タレッジョ渓谷のタレッジョを知ってしまったのです。さあ、もう、これは行くしかありません！　早速その翌年、タレッジョ渓谷のカザリゴーニ社 casArrigoni（CASAとARRIGONIが合体して2010年に新しい名前に変わった。旧アリゴーニ社）を訪ねました。

　聞けば、タレッジョ渓谷ではそれまで質のよい乳とチーズの作り手こそいたものの、自然の熟成庫がないがために、乳やチーズをサッシナ渓谷の大手に売っていたのだそうです。そこで奮起したのが、ベルガモ人を自負するアルバーロ・ラヴァズィオさんでした。奥様のティナとその弟のマルコも加わって3人でタレッジョ渓谷の山の北側に熟成庫を作り、ここでていねいに熟成して、「タレッジョ渓

タレッジョ

熟成に適した環境を求めて山の北側に社屋を作った社長のアルバーロ・ラヴァズィオさん

谷産のタレッジョ」を世に送り出したのです。そのお披露目の第一ステージが1997年のブラ祭りだったというわけです。以来、日本から私一人で、あるいはスタッフと、あるいはフェルミエ主催のツアーでと、何度も訪問を繰り返してきました。

　行くたび、タレッジョの製造や熟成は何度も見学していますが、2014年の秋の訪問では、珍しく、タレッジョを磨く作業に出くわしました。それぞれにブラシを持った2人が1組になって、チーズをお湯で丁寧に洗うシーンはまるでフランスチーズのウォッシュ作業のよう。かつては素手で行っていたこの磨き作業も、EUの衛生管理ではビニール手袋が必要になりました。

　ごみ箱にビニール手袋が山積みに捨てられていたので聞いてみると、ロットごとに取り変えているから、とのこと。そこまで衛生管理を徹底していたとは、今まで気が付きませんでした。

　表皮を洗ったチーズは、布を敷いた木箱に8個ずつ入れて熟成させていきます。運び込む熟成室の気温は4～5℃で湿度は80～85％。一方、梱包・出荷の部屋は、熟成室とは一転して天井がガラス張り。気持ちのよい自然光を取り入れていました。丁寧に磨かれて熟成したタレッジョは濡れて耀くばかりのオレンジ色をしています。口に入れるとやや酸味を帯びて、食感はむっちり。行くたびにしみじみタレッジョ渓谷のタレッジョの美味しさを味わっています。

農家製のタレッジョは硬かった

　ところで、このしっとりタレッジョに対して、農家製タレッジョは表皮が乾いていて、ウォッシュタイプとは思えない自然の表皮をしているのはご存じでしょうか。私がその農家製タレッジョを初めて食べたのは今から10年ほど前、カザリゴーニ社を訪ねるのに泊まっていたホテルで地元のチーズ商シニョレッリさんが、作り手とともに紹介してくれたのです。そのとき食べたタレッジョは今まで

Taleggio

グリエルモさんの夏の家の窓辺には、今朝作られたタレッジョが静かに眠っていました

知っていたものとは大きく違い、素朴で硬いものでした。昔のタレッジョはこんなだったのかもしれません。

その農家製タレッジョの作り手はグリエルモさんといい、タレッジョ作りでは地元でも有名な方でした。数年後、ラッキーなことに彼の夏のアルペッジョにおじゃまできるチャンスに恵まれました。本来なら、その高地への道は一般車両禁止ですが、ちょうど、グリエルモさんの息子さんが行くというので便乗したのです。道なき道、つまり放牧地の真ん中を走って、やっとのことで到着。しかし、すでにチーズ製造は終わっていて、今朝作られたチーズが窓辺で休んでいました。

ここで作るチーズはすべてシニョレッリさんの下で熟成させるため、このときは残念ながら完成品はありませんでしたが、夏、タレッジョ作りの現場に行けたことは、貴重な体験になりました。

家の外はなんと心地よい風景だろうと眺めていたら、グリエルモさんが犬とともにお昼に帰ってきました

家族で協力、タレッジョ渓谷のカザリゴーニ社

カザリゴーニファミリー

営業担当は社長のアルバーロと娘のアデーレ。輸出について、製造について、英語で直接話ができるのは何よりうれしい

カザリゴーニ社のあるペゲーラ村は、冬には道が凍ることが多いため、訪問はいつも初夏から秋と決めています。ここでは社長のアルバーロさんが営業を担当し、妻のティナとその弟マルコはスタッフと一緒にチーズの世話をしたり梱包室でお客の要望に応じたチーズを選んだりといった具合に、ベルガモ人家族3人で会社を切り盛りしています。彼らはいつ行ってもほんとうに働き者で、チーズの世話に明け暮れる日々。それまでは地元販売が中心だったものが、ブラ祭り以降は海外にも目を向けるようになり、いっそう忙しくなったようです。

　何度も訪問することで、いまでは家族のような仲ですが、アルバーロの娘で英語が堪能なアデーレが加わったことで、関係はさらに深まりました。

　アルバーロ一家はチーズを熟成させているカーヴの上に住んでいます。つまり、山の北側。日差しは少なく、1日中しっとりとしてチーズの匂いもします。娘のアデーレはこんな匂いのするところでは暮らせないと、高校を終えるとさっさと出て行き、ミラノで学生生活を送りました。ところが、なんといまはカザリゴーニの一員。「やっぱり帰ってきたのね」と言ったものの、住まいはベルガモの町。毎日ここまで細い道を上って来てでもここには住まないのは、独立心が大盛なのか、匂いがいやなのか。現代っ子だなあと笑ってしまいました。

こまめに動くティナ。この一帯のストラッキトゥンの世話もしていました

ティナの実弟、マルコ・アリゴーニ

全脂乳と脱脂乳で作る2タイプ。風味が優しいピエモンテの山のチーズ
Toma Piemontese
トーマ・ピエモンテーゼ

産地・指定地区

● 県の全域
● 県の一部

ピエモンテ州ノヴァーラ、ヴェルチェッリ、ビエッラ、トリノ、クーネオ、ヴェルバーノ・クーズィオ・オッソラ各県の全域、アレッサンドリア、アスティ各県の一部

種　別	半加熱、圧搾
原料乳	牛の全乳、あるいは一部脱脂乳
熟　成	最低60日（重さ6kg以上） 最低15日（重さ6kg以下）
形・重量	（2種共通）／円盤形。上下面は平ら。側面はやや膨らみを帯びている。 直径15～35cm 高さ6～12cm 重さ1.8～9kg （熟成期間が一番短い状態で）
乳脂肪	全乳タイプ：最低40% 脱脂乳タイプ：最低20%

〈全乳タイプ〉
外観
外皮は弾力性に富む。色は淡い麦わら色、熟成するとピンクがかった茶色になる。
生地
白から麦わら色。弾力性がある。
風味
デリケートな味わい。心地良い香り。

〈脱脂乳タイプ〉
外観
あまり弾力性はない。色は濃い麦わら色、熟成が進むとピンクがかった茶色になる。
生地
白から麦わら色。熟成するに従ってセミハードになる。小さなチーズアイがある。
風味
熟成が進むと、濃厚でしっかりしたアロマがきわだってくる。

DOC取得　1993年5月10日
DOP取得　1996年7月1日

●製法

全乳タイプ、脱脂乳タイプの2つのタイプがある。

原料乳には、搾乳1回または2回以上分の乳を使用する。

全乳タイプは、大鍋で最高12時間まで休ませても良い。脱脂乳タイプは24時間まで休ませて良い。

乳酸菌、インネストを加えても良い。乳の温度が32～38℃、pHが6以上になったら子牛から採取した凝乳酵素を加え、かき混ぜた後、休ませる。この所要時間は最高40分。

その後、カードを大きめにカットし、上下を混ぜ、最初のホエーの排出を促す。その後さらにカードをカットしていくが、必要に応じて鍋の温度を48℃まで上げても良い。このとき、全乳タイプはトウモロコシ大、脱脂乳タイプは米粒大の大きさまでカードをカットする。その後数分休ませる。

砕いたカードを引き上げ、型に移す。布を使用しても良い。その後圧搾して、全乳タイプは3～24時間、脱脂乳タイプは3～72時間かけてホエーを排出させるが、その間、何度か上下を返す。

DOPのマークをはめ込む。

表面に乾塩をし（伝統的には手作業で）、15日以内に反対側の表面にも塩をする。塩水プールを利用しても良いが、その場合は漬ける時間は最高で48時間とする。

熟成は伝統的な洞窟、あるいは同等な湿度85％前後、温度13℃以下の環境で行う。この間、チーズは何度も上下を返し、その都度、塩水で洗う。

●歴史

このチーズは、すでにローマ帝国時代に存在していたと言われる。

最初はピエモンテ地方のアルプスの山や渓谷で作られていたが、夏の放牧が終わって下山すると、平地でも作る習慣が生まれたと言われている。14世紀にはその名前が書物に書き残されている。

●食べ方

テーブルチーズとして、あるいはプリモのソースとして。

ワインは、地元のバルベーラワイン、もしくは若い赤ワイン、微発泡のワインなどに合わせると良い。

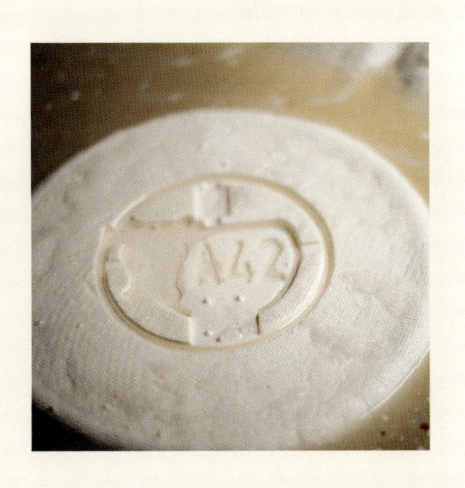

Toma Piemontese

●●●

優しく、ほっとする山チーズ
もう少しパンチがあれば、言うことなし

熟成中のトーマ・ピエモンテーゼ。ここには背が低くて直径の大きなタイプが眠っていました

　ピエモンテはDOPチーズの宝庫です。とりわけクーネオ県はここ1県で、ラスケーラやカステルマーニョ、ブラといった大御所チーズから小規模ながらムラッツァーノも抱えています。それに比べてトーマ・ピエモンテーゼは産地も広く、その名もずばり「ピエモンテ地方のチーズ」。となると、いったいどの地域が本場なのでしょう。つかみどころがないチーズはなかなか魅力も膨らみません。

　2001年、ピエモンテ北部の小さな県、繊維産業が盛んなビエッラ県の家族経営のチーズ工房「ROSSO」を訪ねました。それまでもトーマ・ピエモンテーゼの製造や熟成庫は何度も見ていましたが、ここで初めて1つずつ丁寧に表皮を布で擦って熟成させているシーンに出会い、改めて感動しました。というのも、それまで自然の表皮に包まれたこのチーズは、フランスのトムのように熟成中も反転くらいしか手をかけないものと思っていたからです。

　試食してみると、山のチーズとはいえ、むっちりとした食感で口当たりは優しく、なかなか美味しいのです。これならばと思ってその後、何度か輸入を試みましたが、似通ったチーズが多くあるため、なかなか個性を主張しきれず、残念なことに日本では定着しませんでした。

　それでも、ROSSOの代表を務めるエンリコさんとは交流が続いています。2年に一度のブラ祭りには必ず出展していますし、DOP以外のチーズも含め、彼らの

トーマ・ピエモンテーゼ

作るチーズのファンは日本にも多いのです。

　2013年のブラ祭りの際にも彼のブースを訪ねました。彼のオススメの伝統チーズは2つ。1つは相変わらずトーマ・ピエモンテーゼ、そしてもう1つはスローフードのプレシディオに登録されているマッカーニョ（別名マッカン、小さいものはマッカニエットとややこしいが…）です。ここで食べたトーマ・ピエモンテーゼは塩味もまろやかで優しく、ほっとする味でした。値段も手ごろ感があり、歴史もあって初心者でも食べやすいチーズなのに、なぜ、日本で支持されないのでしょう…。

　改めてDOPの規定を見ると、全乳で作るタイプと脱脂乳で作るタイプがあり、大きさはそれぞれに直径も高さも2倍以上の差異を認めています。それで私の印象も固定せず、つまりイメージがつかみきれず、これでは日本でも定着しないのも仕方ないと思ってしまいました。

　産地が広く、本拠地がつかめず、種類がいくつもあって、名称も単純。言い換えれば、ルーツが古い分、人付き合いも広く、敷居は低く、人間社会にも居そうな理想のタイプ。ただ、売れるにはやはり何かパンチが欲しい、ということでしょうか。

2003年に訪ねたビエッラ県のチーズ工房ROSSOでは、1つ1つ、丁寧に布で、表皮を擦っていました。

ブラ祭りで再会したチーズ工房ロッソROSSOの社長エンリコ・ロッソさん。左手には小ぶりなトーマ・ピエモンテーゼ、右手に持っているのがスローフードのプレシディオに登録されているマッカーニョ

中脂肪乳製と低脂肪乳製の2タイプ。あっさり味や、ハーブ風味もある多様さ

Valle d'Aosta Fromadzo
ヴァッレ・ダオスタ・フロマッツォ

産地・指定地区

ヴァッレ・ダオスタ州

- 県の全域
- 県の一部

ヴァッレ・ダオスタ州全域

外観
しっかりとした外皮。麦わら色から赤みを帯びたグレーまで熟成によって異なる。

生地
組織が詰まっており、中小のチーズアイがある。フレッシュタイプは白、熟成が進んだものは麦わら色。

風味
フレッシュタイプは甘みがあり、熟成したものは濃厚で、やや塩気を感じ、場合によってはピリッとした辛みもある。
とりわけ夏季製造のものは、牛乳の風味と、山のハーブの香りが感じられる。

種 別	半加熱、圧搾
原料乳	牛乳、少量の山羊乳
熟 成	最低60日～10か月
形・重量	円柱形。側面はまっすぐか、やや膨らみがある。 直径15～30cm 高さ5～20cm 重さ1～7kg (熟成期間による)
乳脂肪	中脂肪タイプ:20～35% (12～14時間、半日寝かす) 低脂肪タイプ:20%以下 (1～1.5日、長く寝かす)

DOC取得 1995年10月20日
DOP取得 1996年7月1日

●製法

中脂肪タイプは、12〜24時間、室温で休ませた乳を使う。より乳脂肪含有量の少ない低脂肪タイプを作るには、室温で24〜36時間寝かせる。ただし、時間はそのときの環境条件によって異なる。

休ませている間、自然の乳酸発酵が進むが、指定産地内に存在する乳酸菌を加えても良い。子牛から採取した凝乳酵素を使って34〜36℃まで温めて凝固させる。

45℃まで温度を上げながら、カードを細かくカットして撹拌する。

このカードを集めて枠に入れ、軽くプレスをかける。その後24時間ほど寝かすが、その間に3〜4回、上下をひっくり返す。

加塩は、乾塩を直接かけるか、塩水に漬ける。直接かける場合、最初は1日おきにかけ、徐々に間隔を開けながら、20〜30日かけて行う。洗うときは塩水に浸した布を用いる。

8〜14℃、湿度60%以上の部屋で熟成させる。熟成期間は最低60日、長ければ8〜10か月に及ぶ。

またこのチーズは、製造過程で種やハーブを加え、風味を付けることもある。

●歴史

480年に描かれたイッソーニェ城のフレスコ画にはチーズの店も描かれている。その店に、このチーズを見ることができる。

17世紀には、当時すでによく知られていたフォンティーナより脂肪が少ないことから日持ちが良いチーズとして、またタンパク質の補給源として、地元の人々にとっては、とりわけ食糧がない時期に貴重な存在であった。

●食べ方

食事の締めくくりにテーブルチーズとして。

また、熟成したものはズッパ(スープ)等におろして使える。

力強くスピーディに仕事を進めるナヴィオ・リナルドさん

重石はなんと、御影石。今はもう使っていないかも

Valle d'Aosta Fromadzo

脱脂乳製チーズのおもしろさに出会って

　かつて日本もそうだったように、人間の暮らしに油はたいへん貴重で、そのため高価でもありました。酪農の民にとってその源は牛乳から浮き上がるクリーム、つまり油とはバターです。それだけに、「クリームを取り除かず、そのまま全乳で作るチーズ」はぜいたくな高級品であり、したがって収入源でもありました。

　フランス、スイスと国境を接するヴァッレ・ダオスタ州は名峰がそびえる山岳地帯。その環境からもここの産業の主体は酪農ですが、近年では夏季はアグリ

工房から向こうに、ヴァッレダオスタの風景が見えます

トゥーリズモ、冬はスキーといった観光産業も大きな柱になっています。

　この地域のDOPチーズとして有名なのがフォンティーナ。これは、まさしく全乳で作るこの地区の看板チーズ。一方、バターのための乳脂肪を取り除き、そのあとの脱脂乳で作ってきたのがヴァッレ・ダオスタ・フォルマッツォ。フォンティーナに比べると40年も遅れてのDOC昇格でしたが、脱脂乳に偏見をもたれて脇に置かれていたものの、EU統合に向けて失われてはいけない歴史あるチーズだと改めて気付き、あわてて昇格したのではないかと、私はにらんでいます。

　このチーズを精力的に展開している共同製造所を訪ねたのは10年以上も前の

ヴァッレ・ダオスタ・フロマッツォ

10月、夏の間に作ったフォルマッツォが静かに眠る熟成庫。ここにあるのは農家製のものだけ

様々な色のラベルで楽しませてくれるフォルマッツォ

　ことでした。そこではフォンティーナの製造のあとにフォルマッツォも作っていました。驚いたのはそのバラエティです。

　DOPの規定書にも書かれているとおり、このチーズにはワクワクするほどの多様性が認められています。そこに目をつけて展開するアイテムは、ラベルの色で区別されていました。たとえば、黒ラベルは中脂肪の中で最も美味の自信作。青ラベルは山羊乳を10%入れたもの。黄色ラベルはクミンやこしょう、ネズ、チャイブなど香草で風味をつけたもの。そのほか白ラベルや赤ラベルもあるし、DOPの規定外ですが、脂肪分20%以下のダイエット・フォルマッツォには緑のラベルがついていました。

　地元の伝統産業に取り組む若い作り手たちが、時代を見ながら脱脂乳から多彩なアイテムを作る。ときにかつて貧しいといわれていた「脱脂乳」を「ダイエット乳」として生かす。こういったオリジナリティが、かつてのフォンティーナのように観光客に認められ、広まって確固たる地位を作っていることに頼もしさを感じました。

アルプスの谷間で1年中作られる脂肪分控えめのチーズ
Valtellina Casera
ヴァルテッリーナ・カゼーラ

産地・指定地区

○ 県の全域
○ 県の一部

ロンバルディア州ソンドリオ県全域

外観
外皮は 2～4mmの厚みがある。色は麦わら色を帯びているが、熟成が進むほどにより濃くなる。

生地
ほどよい硬さに締まって弾力性を持ち、チーズアイが散らばる。色は熟成の長さに伴って白から麦わら色に変化する。

風味
熟成の若いものは牛乳の香りと甘みがあり、デリケートで食べやすく、風味のバランスが良い。熟成すほどにナッツや干し草のような独自のアロマが生まれる。

種　　別	半加熱、圧搾
原 料 乳	牛の生乳、脱脂乳
熟　　成	最低70日
形・重量	円柱形、上下面、側面は平ら。 直径 30～45cm 高さ 8～10cm 重さ 7～12kg
乳 脂 肪	最低34%

DOC 取得 1995年4月19日
DOP 取得 1996年7月1日

●製法

　指定地域の草、または干し草を主食とする牛の乳を、静置するか遠心分離によって一部脱脂して原料とする。

　前夜の乳と当日の朝の乳の 2 回の搾乳分を足して作るか、あるいは冷却しておいたものの場合は 2 回以上のものを合わせることもある。その一部は 12 時間静置してクリームを取り除いて使う。

　乳を 36 〜 37℃に温めて子牛の凝乳酵素を添加し、約 30 分かけて凝固させる。カードをカットしたら、40 〜 45℃まで上げて 30 分撹拌する。カードはトウモロコシの粒の大きさにカットする。

　下に沈んでまとまったカードを取り出したら、伝統的なファーシェラと呼ばれる型に入れ、8 時間から 12 時間かけて重しをしてプレスをする。

　加塩は、乾塩または塩水に浸す方法で行う。熟成は室温 6 〜 13℃で、湿度が最低 80％の部屋で少なくとも 70 日間行う。

●歴史

　このチーズは、ヴァルテッリーナ地方のもう 1 つの重要なチーズ、ビットなしでは語ることができない。

　ビットは夏、高地で放牧された牛の乳からのみ作るチーズだが、夏が終わって放牧から谷間に戻ってきた牛の乳で作るのが、このカゼーラだったのだ。今日では、1 年を通じて谷間で過ごす酪農家がいるため、カゼーラも通年、作ることができるようになった。

　このチーズの歴史は 1500 年代にまで遡る。牛飼いたちが、各自、搾った乳を持ち寄り、共同で交代しながらチーズを作っていた。それは彼らの糧になり、また仲間との作業は楽しみの一つでもあった。伝統的に前夜の乳を放置して浮き上がった脂肪分は取り除き、翌朝の乳は脱脂せずに使っていた。

●食べ方

　熟成の若いタイプはテーブルチーズとして、または地元の名物料理であるそば粉を使ったパスタ、ピッツォッケリやそば粉のポレンタに合わせる。またはサラダに添えても良い。

　熟成が進んだものは、おろしても使える。

Valtellina Casera

スイス国境の宿で、カゼーラ作り見学とカゼーラ料理を楽しむ

　ヴァルテッリーナは、ロンバルディアの最北端、コモ湖より上流のアッダ川の谷筋にあたるアルプスの渓谷のひとつです。北に迫る国境の向こうは、スイスを抜けてドイツまでアルプス越えの主要な交通路が走っています。

　一方、カゼーラとは、かつてアルペッジョごとにあった熟成小屋のこと。しかしDOP取得後このチーズは、この小屋を同じ指定生産地内で夏の高地放牧限定で作られるビットに明け渡し、通年、ふもとで作られるようになりました。

銅鍋に沈んだカードをすくい出す作業。2つある大鍋は最大1600ℓ入りますが、この日は1200ℓ。1鍋から4つ、この日は合計8個できました

　ヴァルテッリーナ渓谷にある美しい町ティラーノに初めて宿を取ったのが2000年。日当たりのよい谷間の斜面には石垣が組まれ、ブドウ畑が広がっています。ティラーノの宿からチーズ、ワイン、ブレザオラ（干し肉）、ピッツォッケリ（蕎麦のパスタ）などの生産者を訪ねただけでなく、この町から出ている登山鉄道でスイスへ足を伸ばしたことも鮮明に記憶に残っています。

　次の訪問は14年ぶり。宿は200頭の牛を飼い、チーズを作り、さらにスパや星付きレストランもあるホテル「フィオリダ Fiolida」にとりました。

　翌朝は朝食前に見学です。カザーロ（チーズ職人親方）のブルーノさんは、相棒と2人で黙々とヴァルテッリーナや何種類かのチーズ、それにバターも作ってい

ました。実はそれまでカゼーラに対して、夏季限定製造で脚光を浴びるビットに比べて静かで地味な印象を持っていました。しかし、彼らの製造する姿を見て、さらに試食をさせていただいて、このチーズは人々の暮らしの中で大事にされてきたチーズだということがひしひしと伝わってくるのです。

　作業が終わると、ブルーノさんは白い液体で乾杯しようと、私たちを店の奥に案内してくれます。白い液体とは、なんと牛乳。さすがに朝らしい乾杯でした。

　ここは工房だけでなく、ガラス張りの熟成庫もあれば、店もあります。棚には熟成70〜180日の若いものから180〜300日、さらに300日以上の3段階にわけて販売されていましたが、そのどれもが美味しくて、しかもビットと比べるとリーズナブルな価格です。さっそく、おみやげに購入しました。

カザーロのブルーノさん

　さて、このフィオリダに滞在中、ヴァルッテリーナを使った料理教室を地元のお母さんにお願いしました。チーズたっぷりのピゾッツォッケリ、シャット、そば粉のニョッキなどなど。チーズ作り体験も楽しいですが、粉をこねるという作業も何と楽しいものでしょう。

フィオリダの中のレストラン。ここは星つきではない方ですが、チーズの演出が見事

　仕上げはみんなでいただく食事会。中でもカゼーラ入りの天ぷら「シャット」は絶品。この日の感動は、きっと日本でもシャットファンを増やすに違いないと確信しました。

カゼーラ入り天ぷらのシャット

羊乳で作るパスタフィラータはシチリア産
Vastedda della Valle del Belice
ヴァステッダ・デッラ・ヴァッレ・デル・ベーリチェ

産地・指定地区

シチリア州

● 県の全域
● 県の一部

シチリア州アグリジェント、トラーパニ、パレルモ各県の一部

外観
皮はなく、斑点やしわもあってはならない。表面は象牙色で艶があるか、淡い麦わら色の艶を帯びていることもある。

生地
均一な白。滑らかで粒子はなく、パスタフィラータの筋の跡が残る。チーズアイは基本的にはなく、もしあったとしてもわずかである。発汗性も持たない。

風味
羊のフレッシュタイプの独特の味わいで、わずかな酸味があるが、辛みはない。

種　　別	パスタフィラータ
原 料 乳	羊の全乳の生乳 羊の種類/ヴァッレ・ディ・ベーリチェ種
熟　　成	最低2日
形・重量	平たい円盤状で、側面はややふくらみを帯びている。 直径15〜17cm 高さ3〜4cm 重量500〜700g 保存期間／最長90日 （4℃で保存した場合60日以内が理想）
乳脂肪	最低35%

DOP取得 2010年10月28日

●製法

1回の搾乳、あるいは前夜と朝の2回搾乳した乳を使用し、搾乳後48時間以内にチーズ作りを始める。

乳は37℃前後に加熱し、子羊から採取した凝乳酵素を加え、約40〜50分で凝固させる。できたカードは米粒大にカットする。

5分間寝かした後、引き上げて、アシで作った容器に入れ、24〜48時間(気温によって異なる)発酵を促すために熟成させる。

pHが4.7から5.5ほどになった状態で輪切りし、ピッディアトゥーラと呼ばれる木製の箱に入れ、80〜90℃の熱湯をかけ、3〜7分寝かす。

湯から取り出し、ストレッチングを始める。まずロープ状にし、それを2つにたたみ、三つ編み状にする。表面が白く艶のある状態になった時点で、塊から少しずつちぎり、球状にし、切り口を指で閉じる。陶器の少し深みのある皿状の容器に閉じ口を下にして入れ、後にひっくり返すことにより、ヴァステッダ独特の形が生まれる。

とても水分を排出しやすいタイプのチーズなので、すぐ硬くなる。ストレッチング後約6〜12時間で硬くなったら、加塩する。

加塩の方法は、室温で飽和状態の塩水に30分から2時間浸す。その後、換気が良く、涼しいところでチーズを乾かし、12〜48時間後には商品化できる。

●歴史

このチーズの始まりには、次のような伝説がある。

その昔、とある羊飼いが羊の乳で、いつものようにペコリーノチーズを作っていた。その日は風が強く、その風にあおられて薪の火が強くなり、そのせいで籠に入れたカードの温度が上がって酸っぱくなってしまった。

羊飼いは、この酸っぱくなったカードを切って、木製の容器ピッディアトゥーラに入れ、熱湯を加えた。棒でかき混ぜ、手にしたドロドロのものをストレッチングし(引っ張り伸ばし)、それを皿の上に載せた。こうしてこのチーズが生まれたのだ。

チーズ作りの技術は、ワイン醸造技術とともに、この地域を支配したアラゴン王国の時代に偉大なる進歩を遂げた。残っている一番古い資料は、15世紀半ばのベーリチェ渓谷 Valle del Belice のチーズの販売に関わるものである。20tのチーズが、100kg10タリ(古代アラブ金貨)で売られたという記録も残っている。

1497年、ベーリチェ渓谷では、大量のチーズとカチョカヴァッロが作られていた。総督は、貧しい人々のために、チーズの小売りをするよう命じた。資料に書き残されているそのチーズとはフレッシュタイプのペコリーノ、熟成したペコリーノ、リコッタ、カチョカヴァッロ、そしてヴァステッダであった。

●食べ方

エキストラヴァージンオイルと少量のオレガノをかけてテーブルチーズとして。

また、シチリアの伝統料理の材料としても使われる。

Vastedda della Valle del Belice

わずかな生産地域で作る
甘みと酸味が美味しいチーズ

　2010年、シチリアから4つめのDOPチーズが誕生しました。南イタリアらしくパスタフィラータタイプで、しかも原料乳は羊乳です。
　一般的に、パスタフィラータのチーズといえば水牛乳製あるいは牛乳製ですから、羊乳製とはなんともめずらしい。しかし、チーズ作りの文化的背景を考えてみればこの一帯には十分あり得るチーズでした。
　名前のヴァステッダは、チーズ作りに使う背の低い木の桶「ヴァスタ」、ヴァッレ・デル・ベリーチェとはこのチーズの古い記録が残る土地「ベリーチェ渓谷」の意味であり、土地の羊の種類名でもあるそうです。
　私たちが訪ねた工房では、若い夫婦が協力し合いながら製造と販売を分担していました。製造担当のシモーネさんの仕事ぶりは丁寧でいて、かつ気持ちがよいほどスピーディです。やはり羊乳製チーズ文化のサルデーニャ出身ですが、この地で生まれ育った夫ロレンツォさんとピサの大学で知り合い、ここシチリアで伝統のチーズから香辛料やハーブを入れたバラエティチーズ、リコッタなどを作るアトリエを立ち上げ、それぞれ人気商品に育て上げていました。
　ヴァステッダの生産地区は狭く、指定されたのは17のコムーネ（集落）。しかし、その中で登録している生産者はまだ7軒だけ

シモーネさんのヴァスタ（木の桶）を見せてもらいました。モッツァレッラ同様に、カードにお湯を入れて練っていきます

熟成中

ブラ祭りで、DOP昇格を喜ぶように、大きなラベルをつけてたくさん販売していました。上においてある容器に球状にまとめたカードを入れてひっくり返すことで、独特の形に仕上がります

ヴァステッダ・デッラ・ヴァッレ・デル・ベーリチェ

です。1個が500～700ｇと、イタリアの家庭でも手ごろな大きさで、きめ細やかで光沢のある外皮。試食させていただくと、中身もしっとりと柔らかく、羊乳独特の甘みに酸味が少し感じられました。

　南イタリアらしいこのチーズがしっかりと守られ、育っていくのを楽しみにしたいと思います。

シチリアの食べ物が学べる施設

コルフィラック　Co.R.Fila.C

　ラグーザ郊外にあるモダンなコルフィラックは、シチリア産のチーズのリサーチ及び品質向上、プロモーションを目的にラグーザ市とカターニャ大学が協力して1996年に立ち上げた機関です。

　コルフィラックとは　Consorizio Ricerca Filera Lattero-Casearia の頭文字をとったもの。その役割は
・生産者への技術指導（品質の高い製品を製造するため）
・家畜＆餌の指導（健康的な牛を育てるために、餌も含め）
・検査にクリアした商品にＤＯＰの焼印を押す
となっています。

　ヴァステッダには焼印は押すことはできませんが、他のシチリア産の3つのチーズ（ラグザーノ、ペコリーノ・シチリアーノ、ピアチェンティヌ・エンネーゼ）には焼印が押されています。

　モダンな建物の中は製造指導や研修生を受け入れるための広く清潔な部屋と伝統的な道具も完備。私もここでチーズ製造の実習でき、さらに、チーズとワインのセミナーや伝統菓子のセミナー、試食なども体験できました。

　ラグザーノの製造期間は規定書には書かれていませんが、私が訪ねた10月はラグザーノの製造期間外とのことで、代わりにカチョカヴァッロの製造体験をさせてもらいました。

　ここは、チーズのみならず、お菓子やパスタなど、伝統が残るシチリアを世界に向けてアピールする機関だと言えます。

あとがきにかえて

歴史あるイタリアチーズ、もう一つの「守る活動」
スローフード運動とアルカデルグスト（味の箱船）

　1980年半ば、ローマにマクドナルドが開店したことに端を発して、イタリアの食文化を守ろうという「スローフード運動」が始まったのは1986年、ブラの町からでした。

　1997年にはヨーロッパの原産地名称保護のPDOチーズを集めた大きなイベント「チーズ'97」が催され、その後、隔年開催。イタリアの田舎のチーズが集合する小さなお祭りは、世界からチーズ業界人が集まる大きな祭りに発展しました。また、偶数年にはトリノで「サローネ・デル・グスト」を開催したことにより、草の根運動だったスローフードは世界中に支部を持つ大きな組織となりました。

　このスローフードが力を入れているのが、このままでは消えてしまいそうな食品や家畜などを守るアルカデルグスト（味の箱船）＆プレシディオです。

　以下、スローフードジャパンのホームページ（2014年12月）より抜粋掲載します。

アルカデルグスト（味の箱船）
各地方の伝統的かつ固有な在来品種や加工食品、伝統漁法による魚介類などのなかには、このままでは消えてしまうかもしれない、小さな生産者による希少な食材がたくさんあります。「味の箱舟」プロジェクトとは、こうした食材を世界共通のガイドラインで選定し、プロモーション活動などの支援策によって、その生産

や消費を守り、地域における食の多様性を守ろうというものです。1996年に設立され、現在903を越える動物、果物、野菜の品種と加工食品などが「味の箱舟＝アルカ」認定され、良質な食材の調達、販売促進に興味のある人への情報提供に繋がっています。

プレシディオ
小規模生産者を地域で直接支援し、彼らが伝統的な市場を開拓するのを助けることにより、伝統的な生産方法を守るものです。(中略)今では世界中で314のプロジェクトを包括しています。プレシディオは、生産者を集め、生産自身が販売促進を調整できる環境を整え、彼らの商品の品質と評価の基準づくりを支援することで、小規模生産者による食品の生産技術を安定させ、厳格な生産基準を設定し、伝統的な食物に発展力のある将来を保証しようというものです。プレシディオ食品は、料理人や専門家たちを魅了しただけでなく、一般的な消費者にもその価値を認知させることができました。プレシディオの成功により、意識を持った消費者は良質な食品に対しては、生産が経済的に成り立つような公正な価格を支払うことが証明されました。

　私は、以前よりこの活動に注目していました。少しデータは古いのですが2007年にリストアップされていた約700種類のなかには、チーズが約150も登録されていたのです。そしてその中から8個もDOPが生まれてきました。

　　　　　Pecorino di Filiano（P.124参照）

　　　　　Piacentinu Ennese（P.148参照）

　　　　　Provolone del Monaco（P.156参照）

　　　　　Puzzone di Moena（P.164参照）

　　　　　Salva Cremasco（P.194参照）

　　　　　Stelvio / Stilfser（P.204参照）

　　　　　Strachitunt（P.206参照）

　　　　　Vastedda della valle del Belice（P.228参照）

このほかに、スローフードには登録がなくても、自分たちの力でDOPを勝ち得たのがNostrano Valtrompia（P.114参照）です。
　イタリアDOPチーズの本「イタリアの地方に根付く味　DOPのチーズたち」（フェルミエ刊　自費出版）を最初につくったのは2001年ですが、その当時のDOP認証チーズは30種類でした。EU統合以前の1996年までは20種類だったものが1996年にいきなり30になり、あわてての取材したことも懐かしく思い出されます。
　そのDOPの本も絶版となり、新しいイタリアDOPチーズの紹介本を求める声に背中を押されて、再びDOPに向かい合ってきましたが、じりじりと何年も弄しているうちに、40種類にもなったと頭を抱えていたら、45になり、2014年には48個にもなってしまいました…。（なんと、フランスより多いのです。）
　今後も、DOPチーズは増えることは間違いないと思われます。スローフード運動で力を入れていたり、熱心な生産者が申請準備に関わっていたりすることから、私も強く誘われ、Bagòss di Bagolino、Formadi Frant、Macagn、Morlacco del Grappa、Raviggiolo di pecora、Saras del fen、Testunなどの産地は訪ねてきました。
　これらのチーズが随時DOPになることは地元にとっては嬉しいことではありますが、一方で増えすぎたときの心配もしています。市場が支えきれる、ほどよいバランスは、これからの課題かもしれません。
　最後になりましたが、何年もの長きにわたってイタリア取材の窓口になってくれた池田美幸さん、本作りではいつもペアを組む松成容子さんのお二人にはたいへんお世話になりました。心から御礼を申し上げます。

2014年初冬　　本間るみ子

● 資料：チーズで使われるイタリア語解説 　※イタリア語（読み）／英語／日本語の順

A/B/C

affumicato（アッフミカート）smoked ／燻製した
alpeggio（アルペッジョ）moutain pasture
　　／高地での夏季放牧地、または放牧すること
annato（アンナート）anato／アナトー色素
bufala（ブーファラ）buffalo ／／雌水牛
cagliata（カリアータ）curd 凝乳カード
caglio（カーリオ）rennet／レンネット
cantina（カンティーナ）cheese cellar ／熟成庫
capra（カプラ）goat ／雌山羊
casaro（カザーロ）master／チーズ職人の親方
caseina（カゼイーナ）casein
　　／カゼイン（タンパク質の一種）
coaglazione（コアグラツィオーネ）coagulation ／凝固
crosta（クロスタ）outer rind ／表皮

D/E/F

dolce（ドルチェ）sweet /mild ／甘口　マイルド
duro（ドゥーロ）hard ／硬い
enzima（エンズィーマ）enzyme ／酵素
erborinato（エルボリナート）／青かびがパセリ状の
fascera（ファシェーラ）hoop ／型（モールド）
forma（フォルマ）mold/hoop ／モールド　型
fresco（フレスコ）fresh ／新鮮な

G/I/L/M

grasso（グラッソ）fat ／脂肪
grotta（グロッタ）cave ／洞窟
innesto（インネスト）starter culture ／スターター
latte（ラッテ）milk ／乳
latte crudo（ラッテ・クルード）raw milk ／無殺菌乳
latte innest（ラッテ・インネスト）milk starter culture
　　／乳酸発酵を促したミルクのスターター
latte intero（ラッテ・インテーロ）whole milk ／全乳
lattosio（ラットォーズィオ）lactose ／乳糖
lisozima（リゾチーマ）lysozyme, EC 3.2.1.17
　　／酵素リゾチーム
malga（マルガ）mountain pasture
　　／高地での夏季放牧地、または放牧すること
maturazione（マトゥラツィオーネ）maturing
　　／チーズの組織の成形のプロセス
mucca（ムッカ）cow ／雌牛
muffa（ムッファ）mold ／かび

P

pasta cotta（パスタ・コッタ）cooked cheese
　　／加熱タイプのチーズ
pasta semicotta（パスタ　セミコッタ）
　　semi-cooked cheese ／半加熱タイプのチーズ
pasta dura（パスタ・ドゥーラ）hard cheese
　　／水分 40％以下のチーズ
pasta molle（パスタ・モッレ）soft cheese
　　／水分 40％以上のチーズ
pasta filata（パスタ・フィラータ）stretched card
　　／パスタフィラータ
panna（パンナ）cream ／クリーム
pastorizzazione（パストリッツァツィオーネ）
　　pasteurization ／低温殺菌（71.7℃、15 秒）
penicillium（ペニチリウム）penicillium
　　／チーズの中や外皮に育つ菌類
piccante（ピカンテ）piquant ／ピリッとした
pressatura（プレッサトゥーラ）pressing ／圧搾

S

salatura（サラトゥーラ）salting ／加塩
sale（サーレ）salt ／塩
scrematura（スクレマトゥーラ）skimming ／脱脂
scremato（スクレマート）skimmed ／脱脂した
siero（シエロ）whey ／ホエー　乳清
siero innest（シエロ・インネスト）whey starter culture
　　／乳酸発酵を促したホエーのスターター
sieroproteine（シエロプロティーネ）whey protein
　　／ホエータンパク
stagionato（スタジオナート）aged ／熟成
stagionatura（スタジオナトゥーラ）curing ／熟成
sterilizatione（ステリリッツァツィオーネ）UTH
　　／滅菌処理（最低 135℃、1 秒）

T/V

tenero（テーネロ）soft ／柔らかい
termizzazione（テルミッツァツィオーネ）heat treatment
　　／超低温殺菌（57 〜 68℃、15 秒）
vacca（ヴァッカ）cow ／雌牛
vecchio（ヴェッキオ）old ／長期熟成させた

●資料：イタリア DOP チーズの生産量(単位：トン)

Prodotto		2008	2009	2010	2011	2012	2013
Grana Padano	牛乳	163,341	158,326	163,326	176,500	178,906	173,917
Parmigiano Reggiano	牛乳	116,064	113,436	119,221	133,768	136,919	132,189
Gorgonzola	牛乳	48,721	47,644	48,624	50,335	49,800	50,107
Asiago	牛乳	23,318	23,528	22,669	22,561	23,362	22,002
Taleggio	牛乳	8,800	8,497	8,699	8,542	8,327	8,674
Montasio	牛乳	7,349	7,691	6,871	7,088	6,898	6,054
Provolone Valpadana	牛乳	9,615	8,799	7,742	7,017	6,857	5,878
Fontina	牛乳	3,747	3,527	3,588	3,510	3,442	4,495
Quartirolo Lombardo	牛乳	3,693	3,704	3,805	3,732	3,735	3,756
Piave (4)	牛乳	0	0	1,183	1,870	2,390	2,063
Valtellina Casera	牛乳	1,360	1,400	1,460	1,245	1,300	1,200
Stelvio	牛乳	1,112	1,186	1,152	1,026	1,031	1,153
Toma Piemontese	牛乳	1,077	1,048	1,065	978	928	982
Squacquerone Di Romagna	牛乳	0	0	0	0	0	919
Raschera	牛乳	780	745	836	801	715	751
Monte Veronese	牛乳	589	655	755	688	753	717
Bra	牛乳	762	937	783	726	621	684
Caciocavallo Silano	牛乳	750	750	738	735	524	583
Casatella Trevigiana	牛乳	0	467	242	259	493	486
Salva Cremasco	牛乳	0	0	0	0	240	240
Casciotta D'Urbino (70% 羊乳)	混乳	229	220	235	235	218	227
Bitto (10% 山羊乳)	混乳	290	264	237	213	253	226
Castelmagno	牛乳	197	216	227	223	228	196
Ragusano (3)	牛乳	131	165	173	131	145	154
Robiola Di Roccaverano	混乳	84	88	109	104	99	98
Formai De Mut	牛乳	71	72	74	70	61	61
Spressa Delle Giudicarie	牛乳	150	58	60	50	49	35
Murazzano (60% 羊乳)	混乳	21	16	16	13	13	15
Valle D'Aosta Fromadzo	牛乳	4	5	6	6	5	5
Provolone Del Monaco	牛乳	0	40	40	0	0	0
TOTALE		392,254	383,483	393,937	422,426	428,312	417,866
Mozzarella Di Bufala Campana	水牛乳	31,960	33,457	36,677	37,472	37,122	37,308
TOTALE		31,960	33,457	36,677	37,472	37,122	37,308
Pecorino Romano (1)	羊乳	29,461	26,746	27,477	25,335	25,428	24,726
Pecorino Toscano	羊乳	2,816	2,933	3,092	3,044	3,068	2,669
Pecorino Sardo	羊乳	1,960	1,860	1,935	1,989	2,031	1,783
Fiore Sardo (2)	羊乳	650	712	800	752	735	515
Canestrato Pugliese	羊乳	106	84	28	25	25	25
Pecorino Siciliano (3)	羊乳	35	22	26	25	26	24
Pecorino Di Filiano	羊乳	8	8	4	7	9	0
TOTALE		35,036	32,364	33,361	31,177	31,322	29,742

* variazione calcolata sul totale dei medesimi prodotti dell'anno precedente
(1) 生産時期 10 月〜翌 7 月　(2) 生産時期 11 月〜翌 5 月　(3) 生産時期 11 月〜 12 月
(4) ピアーヴェが DOP に認定されたのは 2010 年 5 月 21 日。2010 年の生産は、6 月 10 日から 12 月 31 日までを計上。
出典：各協会、CSQA（ティエーネ）、INOQ（クーネオ）、CORFILAC（ラグーザ）、ISMECERT、Bioagricoop（ボローニャ）

ITALY

● 資料：イタリアの州名と県名一覧

イタリア北部

ヴァッレ・ダオスタ州
アオスタ	Aosta	AO

ピエモンテ州
ヴェルバーノ・クーズィオ・オッソラ	Verbano-Cusio-Ossola	VB
ノヴァーラ	Novara	NO
ヴェルチェッリ	Vercelli	VC
ビエッラ	Biella	BI
トリノ	Torino	TO
クーネオ	Cuneo	CN
アスティ	Asti	AT
アレッサンドリア	Alessandria	AL

リグーリア州
インペリア	Imperia	IM
サヴォーナ	Savona	SV
ジェノヴァ	Genova	GE
ラ・スペツィア	La Spezia	SP

ロンバルディア州
ソンドリオ	Sondrio	SO
ブレーシア	Brescia	BS
マントヴァ	Mantova	MN
クレモナ	Cremona	CR
ベルガモ	Bergamo	BG
レッコ	Lecco	LC
コモ	Como	CO
モンツァ・エ・デッラ・ブリアンツァ	Monza e della Brianza	MB
ヴァレーゼ	Varese	VA
ミラノ	Milano	MI
パヴィア	Pavia	PV
ローディ	Lodi	LO

トレンティーノ＝アルト・アディジェ州
ボルツァーノ	Bolzano	BZ
トレント	Trento	TN

エミリア・ロマーニャ州
ピアチェンツァ	Piacenza	PC
パルマ	Parma	PR
レッジョ・エミリア	Reggio Emilia	RE
モデナ	Modena	MO
ボローニャ	Bologna	BO
フェッラーラ	Ferrara	FE
ラヴェンナ	Ravenna	RA
フォルリ・チェゼーナ	Forli-Cesena	FC
リミニ	Rimini	RN

ヴェネト州
ベッルーノ	Belluno	BL
トレヴィーゾ	Treviso	TV
ヴェネツィア	Venezia	VE
パドヴァ	Padova	PD
ロヴィーゴ	Rovigo	RO
ヴィチェンツァ	Vicenza	VI
ヴェローナ	Verona	VR

フリウリ＝ヴェネツィア・ジュリア州
ポルデノーネ	Pordenone	PN
ウッディネ	Udine	UD
ゴリツィア	Gorizia	GO
トリエステ	Trieste	TS

イタリア中部・南部

トスカーナ州
マッサ・カッラーラ	Massa-Carrara	MS
ルッカ	Lucca	LU
ピストイア	Pistoia	PT
プラート	Prato	PO
ピサ	Pisa	PI
リヴォルノ	Livorno	LI
フィレンツェ	Firenze	FI
アレッツォ	Arezzo	AR
シエナ	Siena	SI
グロセート	Grosseto	GR

マルケ州

ペーザロ・エ・ウルビーノ	Pesaro e Urbino	PU
アンコーナ	Ancona	AN
マチェラータ	Macerata	MC
フェルモ	Fermo	FM
アスコリ・ピチェーノ	Ascoli Piceno	AP

ウンブリア州

ペルージャ	Perugia	PG
テルニ	Terni	TR

ラツィオ州

ヴィテルボ	Viterbo	VT
リエティ	Rieti	RI
ローマ	Roma	RM
フロジノーネ	Frosinone	FR
ラティーナ	Latina	LT

アブルッツォ州

テーラモ	Teramo	TE
ラクイラ	L'Aquila	AQ
ペスカーラ	Pescara	PE
キエーティ	Chieti	CH

モリーゼ州

イゼルニア	Isernia	IS
カンポバッソ	Campobasso	CB

プーリア州

フォッジャ	Foggia	FG
バルレッタ・アンドリア・トゥラーニ	Barletta-Andria-Trani	BT
バーリ	Bari	BA
ターラント	Taranto	TA
ブリンディジィ	Brindisi	BR
レッチェ	Lecce	LE

カンパーニァ州

カゼルタ	Caserta	CE
ベネヴェント	Benevento	BN
ナポリ	Napoli	NA
アヴェッリーノ	Avellino	AV
サレルノ	Salerno	SA

バジリカータ州

ポテンツァ	Potenza	PZ
マテーラ	Matera	MT

カラーブリア州

コゼンツァ	Cosenza	CS
クロトーネ	Crotone	KR
カタンザーロ	Catanzaro	CZ
ヴィーボ・ヴァレンティア	Vibo Valentia	VV
レッジョ・カラブリア	Reggio Calabria	RC

サルデーニャ州

オルビア・テンピオ	Olbia-Tempio	OT
サッサリ	Sassari	SS
ヌオーロ	Nuoro	NU
オリアストラ	Ogliastra	OG
オリスターノ	Oristano	OR
メディオ・カンピダーノ	Medio Campidano	VS
カルボニア・イグレシアス	Carbonia-Iglesias	CI
カリアリ	Cagliari	CA

シチリア州

トラーパニ	Trapani	TP
パレルモ	Palermo	PA
アグリジェント	Agrigento	AG
カルタニッセッタ	Caltanissetta	CL
エンナ	Enna	EN
メッシーナ	Messina	ME
カターニャ	Catania	CT
シラクーサ	Siracusa	SR
ラグーザ	Ragusa	RG

Special thanks（敬称略　順不同）

Bitto Storico (Mr.Ciapparelli) /CTCB（ビット）
Caseificio Comellini（スクワックエローネ・ディ・ロマーニャ）
Caseificio Predazzo（プッツォーネ・ディ・モエーナ）
Consorzio di Tutela Formaggio Caciocavallo Silano（カチョカヴァッロ・シラーノ）
Consorzio per la Tutela del Formaggio Castelmagno（カステルマーニョ）
Consorzio per la Tutela del Formaggio Pecorino Romano（ペコリーノ・ロマーノ）
Consorzio per la Tutela del Formaggio Piave（ピアーヴェ）
Co.R.FiLa.C (Mrs. Ivana Piccitto)（ヴァステッダ・デッラ・ヴァッレ・デル・ベーリチェ）
Latte Montagna Alto Adige（ステルヴィオ／スティルフセル）
Picinisco in Comunita SOC. Cooperativa / S.Maurizio srl Soc.Agr.（ペコリーノ・ディ・ピチニスコ）
Sardegna Agricoltura（フィオーレ・サルド）

著者：本間(ほんま)るみ子

株式会社フェルミエ代表取締役社長
特定非営利活動法人チーズプロフェッショナル協会会長
フランス農事功労章受章者協会理事

1986年3月株式会社フェルミエ設立。フランス、イタリアを中心にチーズ伝統国を探訪しつつ、輸入、卸、販売を手がける。フランスより1999年農事勲章、2014年国家功労章シュヴァリエ章叙勲。『チーズの悦楽十二ヵ月』（集英社新書）『旬をおいしく楽しむチーズの事典』（ナツメ社）など著書多数。

イタリアチーズの故郷を訪ねて　歴史あるチーズを守るDOP

初版発行日	2015年2月6日
写真	本間　るみ子
現地コーディネート&翻訳	池田　美幸
企画・編集	有限会社たまご社／松成　容子
執筆協力	松成　容子
デザイン	有限会社コーズ／高　才弘　社　晶子
発行者	早嶋　茂
制作者	永瀬　正人
発行所	株式会社旭屋出版 〒107-0052 東京都港区赤坂1-7-19 キャピタル赤坂ビル8階 電話：03-3560-9066（編集）　03-3560-9065（販売） Fax：03-3560-9073（編集部） 郵便振替：00150-1-19472
ホームページ	http://www.asahiya-jp.com
印刷・製本	大日本印刷株式会社

※落丁本、乱丁本はお取り替えいたします。
※許可なく転載、複写、ならびにweb上での使用を禁じます。
※定価はカバーに表示してあります。

ISBN978-4-7511-1130-7
©Rumiko Honma & Asahiya Shuppan CO., LTD. 2015
Printed in Japan

イタリア 州・県地図

● : 県都
● : 県都であり州都
AA : 略記号

イタリア州・県地図

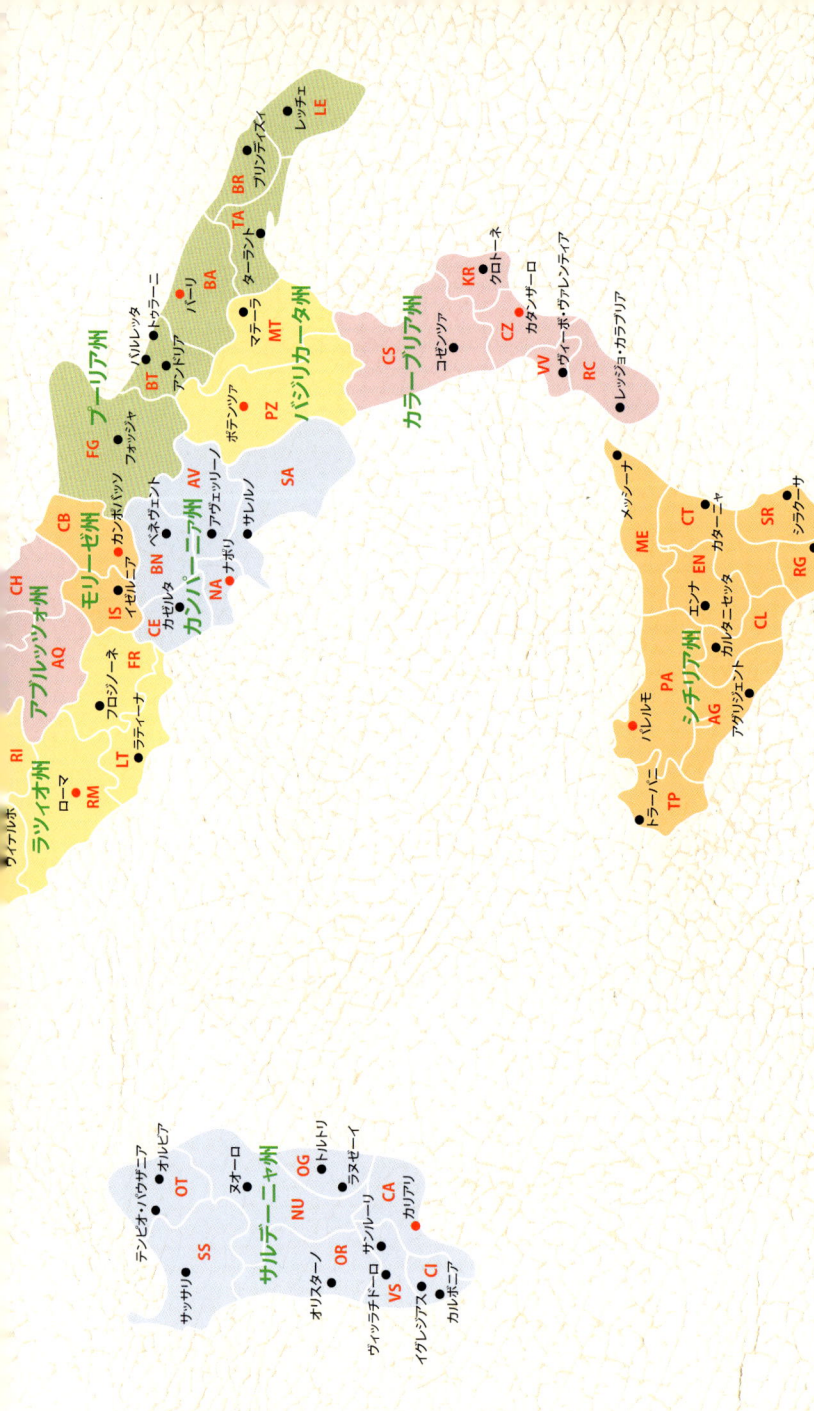

プーリア州
- LE レッチェ
- BR ブリンディシ
- TA ターラント
- BA バーリ
- FG フォッジャ
- BT バルレッタ・アンドリア・トラーニ

バジリカータ州
- MT マテーラ
- PZ ポテンツァ

カラーブリア州
- CS コゼンツァ
- KR クロトーネ
- CZ カタンザーロ
- VV ヴィーボ・ヴァレンティア
- RC レッジョ・カラブリア

モリーゼ州
- CB カンポバッソ
- IS イゼルニア

カンパーニア州
- CE カゼルタ
- BN ベネヴェント
- AV アヴェッリーノ
- NA ナポリ
- SA サレルノ

アブルッツォ州
- CH キエーティ
- AQ ラクイラ
- TE テラモ
- PE ペスカーラ

ラツィオ州
- RI リエーティ
- RM ローマ
- LT ラティーナ
- FR フロジノーネ
- VT ヴィテルボ

シチリア州
- ME メッシーナ
- CT カターニア
- SR シラクーザ
- RG ラグーザ
- CL カルタニッセッタ
- EN エンナ
- PA パレルモ
- AG アグリジェント
- TP トラーパニ

サルデーニャ州
- OT オルビア・テンピオ
- OG オリアストラ
- NU ヌーオロ
- CA カリアリ
- SS サッサリ
- OR オリスターノ
- VS メディオ・カンピダーノ
- CI カルボニア・イグレシアス